U0155837

世界科普经典

植物的生活

陶秉珍 著

北方联合出版传媒（集团）股份有限公司

春风文艺出版社

·沈阳·

图书在版编目（CIP）数据

植物的生活/陶秉珍著. —沈阳：春风文艺出版
社，2023.7
（世界科普经典）
ISBN 978 - 7 - 5313 - 6440 - 5

Ⅰ. ①植… Ⅱ. ①陶… Ⅲ. ①植物 — 青少年读物
Ⅳ. ①Q96-49

中国国家版本馆CIP数据核字（2023）第094297号

北方联合出版传媒（集团）股份有限公司
春风文艺出版社出版发行
沈阳市和平区十一纬路25号　邮编：110003
辽宁新华印务有限公司印刷

责任编辑：韩　喆　邓　楠	责任校对：陈　杰
封面绘制：杨　磊	幅面尺寸：145mm × 210mm
字　　数：84千字	印　　张：6
版　　次：2023年7月第1版	印　　次：2023年7月第1次
书　　号：ISBN 978-7-5313-6440-5	定　　价：28.00元

版权专有　侵权必究　举报电话：024-23284391
如有质量问题，请拨打电话：024-23284384

生物体是由多种器官构成的。各器官都有各自特殊的机能，并以个体的生活为中心互相联系着。所以抛开了机能，专研究器官的构造是不合理的。

植物学是研究生物体的科学，向来也被划分为两大部分，一种是考察器官形状、构造的形态学，一种是探究生活原理的生理学。这一半是由于需加研讨的事实繁多，有应用分业原理的必要；一半也因为研究方法各异。一方是观察记载，一方是实验说明。但这种人为的不

合理的划分法，使研究的范围逐渐狭隘，逐渐特殊化，专家们都被困在自己的小小领域内，植物学就被锁进"象牙之塔"，和一般大众隔绝了。

自前年冬季以来，抱着介绍关于植物学的常识，并使读者领悟自然界的根本法则的宏愿，依前述的见解，不拘于形态、生理的界限，选取植物的共通生活现象作为题材，用浅近的词句，做科学的说明，写成短文，陆续在《中学生》（开明书店）、《新少年》（同上）、《申报每周增刊》、《江苏儿童》（江苏省教育厅）四种刊物上发表，已经有了二十七篇。又觉可供初中学生用的植物学课外学习书，坊间还不多见，就再校读一遍，增加若干插图，并修改题目，依照教科书顺序编成此书。书名就用现成的《植物的生活》。

书中插图，有一部分是从贾祖璋兄所著的《中国植物图鉴》等书中借用的，《常绿树》一文

也是他的作品，得到同意后编入，一并书此
志谢。

陶秉珍

1937年初夏，日本东京

植物的生活

地中世界

　　地面有飞禽走兽、鲜花美果，是各种生物的活动舞台。至于暗黑的地中世界，大概除脾气古怪的鼹（yǎn）鼠、蚯蚓等之外，不见得有多少生物吧！可是，一握之土，用显微镜观察，足有几十万细菌在里面生息呢！

　　地中千千万万的细菌都忙碌地做着各种工作，像使落叶、虫尸、蚯蚓粪以及别的种种肥料腐败，变成植物可以吸收的养分；或是吸收空气中的氮气，供植物生长。当然，这里面也有无用，或会传染疾病的，但大部分都是有益的细

菌。

在这样布满细菌的地中世界，"唯我独尊"地向四处延伸的草木的根，究竟是怎样生活的呢？

当种在花盆里的种子发芽时，将花盆横放，于是芽就向上弯曲，继续伸长，而根的尖端反曲向下方。可见根尖的目标，实是地球的中心。这恰像诸位在黑暗中摸索时，看到某处有一点灯火，就直向那边走去一样。根是被地球引力牵拉着而延伸的[①]。

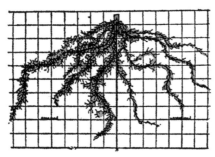

图1　番茄的根型
左，经过蒸汽消毒的土壤；右，未消毒的土壤

---

① 根向下生长的原因有二，一是向深处找水，二是根与茎对地心引力的单向性作用，发生向地或背地的作用，称为"向地性"。（编者注）

根的尖端戴着一顶小帽子，叫作根冠。这是为了防止坚硬的沙砾等将柔软的根尖擦破而生的保护装置。

将蚕豆种在适当湿润的沙或锯屑中，到根伸到两寸长的时候拔起，从中央到尖端，每隔一分①左右，用墨画一条横痕，并设法给予湿

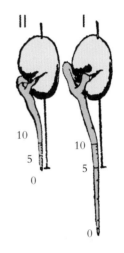

图2　根的成长实验

气。第二天再观察，这根会长不少，但画着的横痕不像先前那样均匀了，可见根延伸的速度不是全都相同的。延伸得最快的，就是尖端稍上处叫作延长区的。

根端是感觉很灵敏的地方，它不断地左歪右斜，穿过土粒间隙而向下延伸。若碰到坚硬的石块，无论如何钻不通的时候，便立刻通知延长

---

① 一分：用于长度计量单位时约为0.33厘米。（编者注）

3

区："赶快弯曲吧！"不久，延长区就会弯曲，根的尖端再向新方向，继续探险前进。那位有名的达尔文先生说："植物的根尖有脑髓似的作用。"某学者又推想，也许从根尖到延长区，有类似动物神经的东西联结着。究竟怎样，现在还是不明白。

根原是为吸水而生的，它躲在地中，一半也是为此。所以若地中有一处干、一处湿的时候，它就只向湿润的方向延伸，即使这湿润处离得颇远，也还会向那方向延伸。这看上去太奇怪了，其实这是因为根尖常选择坚硬物少而松软的地方扎根，湿处的周围自然土松泥润。至于由远处泥土带来的细微影响，我们虽看不出，灵敏的根尖却能感觉到。

若地中有积水，根延伸到那边后，便像扫帚似的生出许多枝根，将水潭围住。这样的根，在崩坏的河岸上常常看到。地中的根，不仅能向有水的方向延伸，连有毒质的地方都会知道，绝不

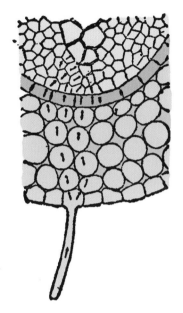

图3　根毛吸收水和溶液送入木质部

胡乱伸过去。而且这块地有无养分，也远远就知道，总会选择养分丰富的地方走。

这里讲一件非洲的新闻吧。热带原产的仙人掌在非洲那边，多得同野草一样，常常缠着树干生长，用一片片碧绿的茎，装成一棵翡翠树。某处农家，将仙人掌丢在仓屋的顶上，若这屋顶上有一个孔，当仙人掌的茎在屋顶蔓延时，恰巧碰

到这个孔，仙人掌便会立刻生出许多根，穿过这孔，在屋内慢慢挂下去，一直达到相离八九尺的地面。可惜，这仓屋里有许多鼠，它们以为是从天上吊下来了好点心，一起将根尖咬去了。

根能够这样长长地挂下来，固然因它有向地球中心伸长的性质，换一面来想，又像有特别的智慧，虽身在高处，但知道总有可以到达的土地，就勇敢地伸下来。像故事里听到过的龙一般，长长地挂下根来喝水的树木，在热带常会遇到。

根虽有这样求水的性质，但实际能够喝水的，也只有尖端的软嫩部分。老的部分，皮层坚硬，不能透水，只用作支持身体。同是软嫩部分，生在延长区上方的丝一般洁白的许多根毛最能吸水。若在移植草木时，胡乱拔取，伤了根毛，那么，它就要因不能"喝水"而枯死了。

接着我们要来研究根究竟有多长。某学者把一棵刚从种子萌发的枞树种在沙里，经过三个月，主根和支根一共加起来，长有三十六尺①以上，根的表面积也有五尺见方②。某种玉蜀黍③，根也有一千五百尺到两千尺左右。据别个学者调查，某种大王瓜的根有七万五千尺，就是五十里④左右，这好像是在胡说，但的确是事实。

单子叶植物的根往往深得让人不能相信，尤其是泥土干燥的地方。小麦即使生在肥土中，也能伸到五六尺的深处。野草中，像白花苜蓿（mù xu）能到九尺左右的深处。最会钻地的，要算非洲产的巴恶巴蒲树了，它的根能一直伸到一百尺深。

山蒜、薤（xiè，俗称火葱）、洋葱等的根，有更有趣的作用。这些种子发芽后，根也是向下延伸的。但因它们都是百合的亲戚，根像一蓬胡须，当它们斜斜地向四面八方伸去时，尖端的根毛牢牢地附着在泥土上后，将根一缩，于是茎就

---

① 尺：市制长度单位。一尺约为0.33米。（编者注）
② 见方：用在表长度的数量词后，表示以该长度为边的正方形。（编者注）
③ 玉蜀黍：玉米。（编者注）
④ 里：长度计量单位，1里为500米。（编者注）

被拉入地中了。这恰像在气球上面挂了许多绳，每根绳系着一辆汽车，汽车向四面奔驰，把气球拉下来的情形一样。到了秋天，虽另外再生出专门吸收养分和水的根，但第二年春天，新叶一出，又会生出这种有拉扯作用的根。所以，茎的基部一面渐渐膨大成球茎，一面慢慢向地中埋下去。可是，也不是一直会陷下去，到了适当的地方就会停止。好像茎虽在黑暗的地中，仍旧很明白自己的位置一样。

前面讲过，根如果碰到坚硬的石块，会转弯避开。但有时它们不肯退让，会分泌酸液将岩石溶解。试看打磨得光光的石碑，苔藓生长后，就被溶得凹凸不平了。在山里，常可看到根钻入岩石中，这是因岩石的裂隙暗黑而多水，根自然喜欢钻进去。后来，根肥大起来，便将裂隙胀开。据说某学者见过直径还不到一尺的根，肥大时能将一千六百斤重的石块抬起。有些石墙倒塌，就是因为贴近种着树木的缘故。

植物的运输机关

　　草本的茎构造比较简单，但木本植物的茎（就是树干），因形成层很发达，所以有种种变化。现在先从草本的茎讲起吧。

　　一般来说，草本的茎在基本组织中的维管束，是各个分开的。草本的双子叶植物，维管束大体排成环状的一圈；单子叶植物，是点点散开的。我们试在油菜、白菜的茎叶中检查看看，里面总有一根一根的东西（通常叫作筋），这就是维管束。

　　维管束这种组织，究竟是什么样的构造，不

— 植物的生活 —

能不讲明白了。维管束，大体是由三种东西结合而成的，就是初生木质部、初生韧皮部以及夹在中间的形成层①。木质部中有各种各样的细胞，最明显的是导管和管胞。木质部就像植物体内的自来水管，能把根上吸进来的，有养分溶在里面的水向上方搬运。

我们若摘一根草本的茎，插在红墨水瓶里，那么过一刻，就可看到茎里有一条条红色的细纹，这就是被红墨水染红了的通水路。

若在用中国墨磨成的墨汁中插一会儿，把茎切开便可看到，各处都有黑色细点，这是墨塞在导管各处中的缘故。墨虽是混在水里的微细粉末，但在导管中也可上升到相当高的地方。

导管细胞原像两头通的竹筒，一个一个连成一根长长的管道，所以微细的粉末，也可跟着水上升。

_____

① 形成层：一般指裸子植物和被子植物的根和茎中，位于木质部和韧皮部之间的一种分生组织。（编者注）

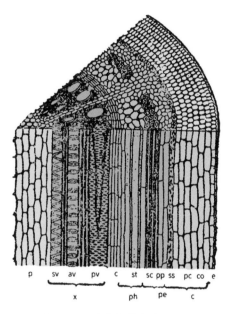

图4　双子叶植物草本茎的构造

p. 髓；x. 木质部；sv. 螺旋纹导管；av. 环纹导管；

pv. 孔纹导管；c. 形成层；ph. 韧皮部；st. 筛管；

pe. 维管束鞘；sc. 厚壁细胞；pp.薄壁细胞；c. 皮层；

ss. 淀粉鞘；pc. 薄壁细胞；co. 厚角细胞；e. 表皮

　　管胞呢，虽和导管一样，也是通水的路，但每个管胞细胞两头不通，所以虽是同样地连成了一条管胞，里面却是一截一截隔开的。用一个比喻来说明，导管像自来水管，管胞恰像未曾把节打通的竹竿。水可渗透过一层一层隔着的管胞的

细胞膜而上升，但固体的粉末，无论怎样细小也无法透过。所以，木质部中只有管胞的植物，虽被插在墨汁中，但不会将上部染成黑色。

韧皮部虽是和木质部连在一起的组织，但用处不同，它是把叶等所合成的养分，向各部分搬运的。里面最重要的筛管，和木质部的导管、管胞相像。因为管里有米筛般多孔的筛板隔着，所以就替它取了一个这样的名字。

形成层是由许多非常活跃的细胞集成的组织，能够分裂成木质部和韧皮部。这种作用，在木本植物的茎中尤其明显。

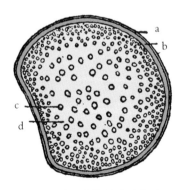

图 5　单子叶植物茎的构造

a. 表皮；b. 假皮层；c. 维管束；d. 基本组织

树干的特点是形成层连接成一圈，每年向里面（干的中心这面）造木质部，向外面造韧皮部。

　　木质部就是普通叫作木材的部分，因一年中气候寒暖不同，构成木质部的细胞也有大小，从春到夏，形成层所造的木质细胞形状颇大，秋季造的，比较细小，而且颜色较深，相间排列成层，我们称它为年轮。根据年轮数，可以推定一棵树的年龄。

—植物的生活—

草本和木本

我们跑到野外去看，有干粗到要两三人合抱的大松树，也有在微风中摇摆的紫云英。一般说来，像松树这般茎干粗大，一直在那里生长的，叫作木；像紫云英这样又细又弱，一两年就枯死的，叫作草。

可是，在学术上另有分辨法。形成层非常活跃，每年形成一圈年轮，茎会粗大的是"木本"；虽有形成层，但不造年轮，寿命只一两年的是"草本"。这是抛开外观上的粗细大小，从内部的构造来区分的，所以矮小的月季花，是属木本，而干高茎粗的向日葵，反是草本。

那么，木本和草本究竟哪种算是摩登①样式呢？换一句话说，植物是从木本进化到草本呢？还是相反的呢？

关于这个问题，有种种说法。从前的植物学家认为木本是由草本进化的摩登植物。从细弱的草本，进化到亭亭直立的木本，原也说得通。但在最近三四十年里，说草本比木本进步的学者多起来了，为什么呢？因为现在的气候，草本比木本更适合生存。自从显花植物②产生后，地球上已渐渐有了冬夏之别，为了适应这种气候，于是一部分木本植物进化成了草本植物。

生物的目的在于繁衍后代，并不在于竖起粗干，摆摆架子。所以，同发芽后经过好多年方才开花的木本相比，当然还是当年发芽，当年结

---

① 摩登：意指木本和草本谁先于谁。〔编者注〕
② 显花植物：也叫有花植物。指开花结果，以种子繁殖的植物，包括裸子植物和被子植物。〔编者注〕

实，目的一达到，自己便枯死（也有只地上茎枯死，地中的根或茎依旧留着的）的草本，来得聪明合算。

再从化石方面看来，古代的蕨类植物或和它近似的植物，多是木本，它们形成层发达，能够造成木材。可是，现今蕨类植物中，虽有干高茎粗的木状蕨类植物，但形成层完全消失，不会加粗。就是古代虽有木本的蕨类植物，现在也完全成草本状了。这里还需说明一句，木本、草本原是显花植物中茎的名称，蕨类植物属隐花植物①，照理不能称什么草本、木本的，不过因双方都是茎，所以就勉强借用了。

认定草本比木本摩登的根据还有一个，显花植物里面，有像桃、李等的被子植物，和像松、柏等的裸子植物。裸子植物全是旧式的植物，那是早已经确定了的。这旧式的裸子植物中，竟没

---

① 隐花植物：不开花结实，靠孢子、配子或细胞分裂繁殖的植物的统称，如藻类、菌类、蕨类、苔藓类。区别于显花植物。（编者注）

有一种是完全的草本。而且，被子植物中，单子叶植物又比双子叶植物摩登。可是，这摩登的单子叶植物中，形成层很发达，能够造成年轮的木本植物完全没有。单子叶植物中，茎干巨大的原不少，像竹便是一个例子。但这是因各个细胞的长大而加粗的，并不是形成层产生新细胞的结果。旧式的裸子植物中全无草本，而摩登的单子叶植物中全无木本的事实，使草本从木本进化的理论更加稳固。

植物的生活

芽的萌发

一到初春，阳光似乎比以前更充足，树枝上的冬芽，一天天地绽放，不久，便脱去大衣，伸出嫩绿的小手来了。

树木不单把春季活动的原料预先贮藏着，而且还早早地长着一粒幼芽，一到春天便会展放新的枝叶、花朵。当和煦的春风吹来，暖和的春阳照着时，它们就从沉沉的冬眠中醒来，从地中吸取水分，分解体内贮藏着的养料，运送到芽中，于是芽就慢慢地膨大起来。

冬季填充在芽上鳞片间的胶质，这时已变

18

软，使鳞片不再互相粘着，可以绽放了，让最初的嫩叶从摇篮正中伸到外面。差不多可以说全部的树芽，一到春天，多少都会带一点黏，这就是这种胶质发软的缘故。若给蜜蜂遇到，就会赶忙采去修补旧巢。

一般树木的萌芽，虽多在初春，但因植物的种类不同，也略有迟早之分。因为植物的冬眠程度各有浅深，凡睡得不十分熟的，稍受刺激，便立刻惊醒，像连翘和樱树等就属于这一类。山毛榉就像只睡熟的猫，即使有种种刺激去打搅它，它也依旧不醒。直到一月底还不见动静，二月中旬以后，方才略略有点活动的迹象。

若是春天已到，而树木还一直在贪睡，不肯醒来时，古人便要敲打大鼓，催它快醒，叫作"击鼓催花"。这是因为当春初树木萌芽时，常可听到几次春雷，因此有人误认为花是被雷声惊醒的。若树木不醒，便疑心是没有雷声的缘故，就用咚咚咚的鼓声来代替。

这样的催法，即使是最易惊醒的树木，也会给他个不理不睬，依旧沉沉熟睡。但是最近发明的几种科学的催芽法，用这些方法一催，任凭怎样贪睡的树，也会揉着睡眼醒来。

科学催芽法，有注射法、创伤法、药品吸收法、镭锭法、硫酸法、醚法、温浴法等。现在把最容易实行的温浴法来讲一讲，折下一根生着冬

图6 芽的绽放
左，未行温浴法；右，已行温浴法

芽的枝条，浸在30℃左右的温水中，经过8小时
~12小时，当然在这过程中，要保持同样的温
度。之后再拿出来，插在装着水的瓶子里，放在
温室中。不过瓶中的水需常常更换，否则会因为
产生微生物而导致切枝，就不容易吸收水分。此
后，再放到暖和的房间里，芽就会慢慢萌发了。

　　硫酸法是操作最简单，效果最显著的方法。
把浓硫酸倒一些在小碟里，将每粒冬芽都在里面
浸10秒~20秒，用清水洗净，此后便同前法一
样，放在温室中。若只把枝条中央的一粒芽行硫
酸法，那么这芽最先萌发，接着上下两粒邻芽也
会醒来。这大概是因为硫酸浸过的芽，分泌了一
种液汁，向上下移动，而惊动了邻芽。

新 叶

　　暖洋洋的阳光，唤醒了枝上的冬芽，不久它们就伸出一条生满绿叶的嫩枝来点缀春景。

　　冬芽的内部，我们若剖开来看，中央是圆锥形的短轴，周围包着好多重鳞状叶和折叠着的叶片。春天一到，这短短的圆轴，立刻就粗起来，长起来，伸成新茎。这时，原来折叠着的叶片，就会展开、扩大，而且鳞状叶也会长成一片一片的绿叶。也许有人会不相信，连这样萎缩的鳞状叶都有这等变化。

　　叶，最初是茎上隆起的一个瘤状体，不久，

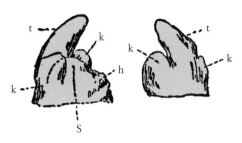

图7 榆树的原叶

s. 生长点；h. 最嫩叶的发生体；k. 叶基部；t. 叶体部

便分成叶体部和叶基部。在发生初期，通常是叶基部比叶体部发达些。若只是叶基部发达，那就成鳞状叶。后来，这暂时萎缩的叶体部重新发育起来，于是鳞状叶也变成绿叶了。不过由这种鳞状叶展成的叶片，往往叶柄扁阔，叶身狭小，着生在茎的下部，叫作低出叶。

叶体部的发育虽比较迟些，但通常这部分最发达，长成叶身。这叶身的生长又很特别，不同于根和茎从顶巅①伸长起来的，它是由接近叶基部的部分造成新组织而逐渐扩大起来的。

_____

① 顶巅：顶端。〔编者注〕

所以一张叶身上，尖端是旧组织，基部倒是新组织呢！

通常在双子叶植物中看到的完全叶，是由叶身、叶柄、托叶组成的。叶柄总是最后发生，由叶基部和叶体部的中间部分伸长而成。为什么把叶柄的生长留在最后呢？因为这片叶身放在哪里，是由叶柄的生长情形来决定的。而叶身的位置，和能够受到的日光、空气等的分量有关。植

图8
七叶树包藏在冬芽中的各小片，可以示明叶子生长的经过

物要想把各片叶身都放在适当的位置，使它能够充分制造养料以供生理需要，所以使叶柄最后生长。托叶，不用说是从叶基部生长的，此外像叶鞘、叶节等器官，也都是从叶基部发生。

关于叶片发生的情形，如果想知道得更明确些，那可以把七叶树等还未萌发的芽采来，细心地一片片剥下来，按照次序排起来，就会发现这样的事实，头上几片是暗黑色，短得几乎呈圆形的鳞片状。接着是逐渐伸长，同时绿色也慢慢浓起来的鳞片，在顶上有一个不规则形的皱褶突起，这就是以前讲过的叶体部，鳞片是叶基部，这突起部分慢慢扩大，变成一张小叶，而蜷缩着

图9　藏在红醋栗芽中的各小片

躲在芽的中心。这时，叶基部和叶体部中间，已
有一小空隙。将来的叶柄，就从这儿生长。此外
像欧洲公园中常见的红醋栗的芽中，也可看到同
样的情形。

最后，我们还可趁草木发芽时，把生复叶的
经过观察一下。山野自生
的落叶乔木中，有一种叫
作石檀，它的复叶是由七
片或九片小叶合成的。当
它有翅的果实落在地上而
萌发时，最初当然是两片
子叶，后来就生出叶脉明
显的两片单叶，上面是由
三片小叶合成的复叶，再
上面是五片小叶的，最上
面才是有七片或九片小叶
的真叶。这一系列就向我
们说明了，从前它也是生

图10
从这棵小小的石檀
树苗上可看出从单
叶变成复叶的过程

长单叶的，经过了一个一个这样的阶段，才变成现在这样生着七片或九片小叶的复叶的树。此外，七叶树萌发时，也可以看到同样现象。所以复叶的植物，算是比较进化的。若问为什么要从单叶变成复叶，在进化上究竟有什么意义，大概是因为可以多受日光照射和多接触空气吧。

新　绿

　　到了似烟似雾好像有意瞒人般，常常不声不
响地下着的春雨已看不到时，接着来的是雨脚似
丝，洒在叶上沙沙有声，听去有爽利感觉的初夏
之雨，也有人叫它作"新绿之雨"。

　　刚从冬芽或种子中钻出来的嫩叶，多带淡黄
或黄绿色，有的因嫩皮肤受不了强烈日光的照
射，还罩上一层红色（叫作春季红叶）。可是，
在这沙沙的雨声中，绿色逐渐加浓。如其①到郊

---

　　① 如其：如果。（编者注）

28

外去走走，便见山坡和原野全是一片刺眼的鲜绿色，这就叫作"新绿"。

原是淡黄或黄绿色的叶片，为什么会变成浓绿呢？为什么各种草木的叶片多是绿色的呢？使叶片现绿色的究竟是哪种物质？这些是欣赏新绿的人应该探究的问题。

一张叶片多受日光照射的叶面，总比背日光的叶背绿色较浓些，把土窖中长大的黄白色植物搬到日光中，不久就会现出绿色，而且像蝴蝶花、燕子花、花菖蒲、菖蒲等直立着的剑状叶，因为两面都受日光，就会同样浓绿，分不出叶面和叶背。所以粗粗一想，便知道叶片显现绿色，和日光有关，沙沙发声的丝雨，倒并不是新绿的成因。

要彻底明白，当然需要药品和机械的帮助。我们将叶片薄薄地横切一片，放在显微镜下，便见近叶面的排列整齐的栅状细胞和近叶背的七歪八斜地架着的海绵细胞内，都有绿色的小东西，

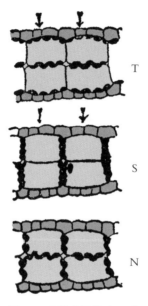

图11 品藻叶绿体的运动
T. 阴天；S. 晴天；N. 夜间

这叫作叶绿体。

　　叶绿体通常是球形或椭圆形，也有呈盆形或带形的，像水绵的叶绿体是螺旋状地卷绕着的带形。高等植物，叶绿体虽多含在叶片中，栅状细胞中含得较多，所以叶面呈浓绿色，但根和茎的皮层中也有。根里有叶绿体的，能进行光合作用，所以叫作光合根。

叶绿体也和别的原形质色素粒或核一样，埋在细胞质内，且有移动性，所以没有固定的位置，但也不是随意散布的，大多是排列在接近细胞膜的地方，因为和细胞间隙交换气体方便。有趣的是它常随着日光的强弱沿细胞膜兜圈子。像日光强烈时，它就集在细胞的左右两侧，排成双行纵队；日光弱的阴天，它就集在上下两端，换成双行横队；到了夜里，全无日光，它就集在左、右两侧和中心休息了。这又是在讲"植物的运动"时常被引用的例子。

我们知道了叶片是因含有叶绿体而呈现绿色的。那么，叶绿体里面含些什么物质，有什么作用呢？还需研究才会明白。

原来叶绿体含有一种叫叶绿素的绿色素。这种叶绿素，是一种植物性的色素，容易溶解在醇、醚等液体里。所以若把柔软的绿色叶片放在醇中煮一会儿，或先用水煮一煮，再浸在醇中，便成了叶绿素的鲜绿色浸出液。这种醇的浸出

液，若透过光看时，会呈现鲜绿色；从反射光看
时，呈现深红色，并且发红色的荧光。

这种浸出液里，因有油脂类、蜡等杂质混
着，所以叫作叶绿素溶液，但因大部分是叶绿
素，所以研究这种溶液的性状，也可窥知叶绿素
的性质。

第一是叶绿素溶液为什么会发荧光。这问题
早就有人讨论了，但直到现在还不曾解决[①]。原
来某种物质发射荧光，是因它有将吸收来的
"能"（energy）化成荧光线"能"而放射的性
质，这是一种"能"的转换作用，因此可以推定
叶绿素溶液也有这种"能"的转换作用。根据学

[①] 这个问题现在已经被阐释清楚，具体原因如下：背着光源观察
叶绿素溶液时，看到的是叶绿素分子受激发后所产生的发射光谱。当
叶绿素分子吸收光子后，电子就由最稳定的、能量最低的基本状态提
高到一个不稳定的、高能量的激发状态。由于激发状态不稳定，因此
发射光波（即为荧光）消失能量，迅速由激发状态返回到基本状态。
叶绿素分子吸收的光能有一部分用于分子内部的振动，辐射出的能量
就小。光是以光子的形式不连续传播的，而且 $E = hr = hc / \lambda$，即波长
与光子能量成反比。因此，反射出的光波波长比入射光波的波长长，
叶绿素提取液在反射光下呈红色。（编者注）

者们的研究，知道在叶绿体内的叶绿素也有发荧光的能力，叶内自然状态中的叶绿素，有利用日光的"辐射能"的特殊作用，也许根源就在这儿吧。

关于叶绿素溶液研究得最清楚的，是吸收光带的状态。将透过这溶液的日光或其他类似的光线中，放一个棱镜而观察时，那么它光带中的一定位置，有一定数的吸收带显现出来。通常是六（或七）条，其中有两（或三）条是阔幅的，在青色和堇色①部件。此外四条，是在红色和黄色部分，而且在红色部分显现的第一条吸收光带特别浓厚。这虽是叶绿素的醇溶液所表现的性质，但用新叶代替，或就含在叶绿体内的叶绿素研究起来大致相同，所以不妨就认作是叶绿素的性质。

次之要知道的是，叶绿素究竟是哪一些物质

---

① 堇色：浅紫色。〔编者注〕

构成的。若在粗制的叶绿素醇溶液中，加了苯
(Benzene)，摇几下，静置一会儿，便见它分离
成绿色的上层和黄色的下层。这是溶解在醇里的
叶绿素，又转溶入苯中，集在上层和溶在下层醇
中的黄色物，是由多种物质混合而成，现在已经
知道的，是叶黄素（Lutein）和胡萝卜素（Re -
nieratene）。

叶绿素的醇溶液中，既有这么多的杂质，要
提出纯粹的叶绿素，过程很麻烦。化学家从叶片
提取纯粹的叶绿素时，通常用下列方法：先将叶
片脱水干燥，研成粉末，用苯一浸，除去溶解在
里面的杂质。再用醇制成叶绿素的浸出液，加石
油醚，摇一会儿，大部分叶绿素就转溶在里面。
静置一会儿，将浮在上层的叶绿素的石油醚溶液
取出，再加90%～95%的甲醇，除去溶解在甲
醇中的杂质。这样反复几次，石油醚中的叶绿素
渐渐纯粹而浓厚起来，最终变成带黑色的微细结
晶物而析出，这样得到的粉末，便是颇纯粹的叶

绿素了。它有不溶于水，而易溶于醇、醚、石油醚等的性质。若把叶绿素醇溶液静置，也有一种结晶物析出来。这不是叶绿素的结晶，而是叶绿素和醇的结合物。

经过这繁杂的过程而得到的纯粹叶绿素，还是两种相似物质的混合物：一种叫作叶绿素 a（Chlorophyll a），是蓝黑色的结晶体，它的醇溶液，呈现蓝绿色，发深红色的荧光；一种叫作叶绿素 b（Chlorophyll b），是绿黑色的结晶体，它的醇溶液，绿色比前者浓，而且带有黄色，发褐红色的荧光。

至于产生叶绿素的条件，第一是日光，前面已经说过了，次之是适当的温度，普通在4℃以下或40℃以上便难以生成。秋天的红叶，便是因为花青素生成，叶绿素消失。叶绿素内并不曾含着铁，但当把绿叶植物培养在水中时，若不给铁的化合物，叶片便现黄白，大概铁对于做叶绿素母质的色原素的生成上，有相当大的关系

吧。此外叶绿素的生成上，还要镁盐、糖类，以及含氮的有机化合物和氧等，都可从实验来证明。

刺眼的新绿的本体，就是含在叶绿体中呈黑色结晶的叶绿素，现在已经明白了。那么，它究竟做些什么工作呢？我们若从放在暗处的植物上，采取叶片到显微镜下去检查，看到其中叶绿素的构成，全是一样。再把它放在日光下，经过几分钟，那么便可在叶绿体中看到有微粒出现。这微粒逐渐增加，终于从叶绿体钻出，连着的一面继续生长，而造成特殊的层。我们不必等到它发达，即使针锋般细小的，用碘一涂，也呈蓝色，可见这生成物中含有淀粉。

叶绿体和叶绿素，靠日光的帮助，将二氧化碳和水制成淀粉，实在是地球上一切有机物的源泉，维持一切生命的基本材料。

植物也会出汗

　　和我们同样有生命的植物，平时需从开闭顺畅的气孔蒸发水分，这是已经知道的。不过一到大热天，是否有来不及蒸发的情形？是否要同样化成汗而排泄？这还需仔细观察。

　　蒸热的夏夜，当晓色初来，草席微凉时，你若能毫不留恋地起来到园中去看看，便见各种植物的叶上都有亮晶晶的水滴，缀在叶尖或边缘。耐心注视，见它慢慢地变大。不久，因为重得留不住而落下，原处又有一粒更小的水滴出来。这不是自外附着的露，而是从植物体内渗出

37

图12　禾本科植物排出水滴的实验

来的水分，在懒得观察的人们看来，也许就叫它
朝露。

　　这种排水现象，最显著的是芋艿、金莲花
以及多数禾本科植物。在热带的茂林中，这等
植物尤其多。天南星科的植物，排水的分量较
多，像芋艿，常见水滴陆续不绝地从叶尖下滴，
恰像一个烈日下耕耘的农人。据学者们计算，
每分约有一百九十滴，一夜的分量，可达一百

立方厘米^①。

　　动物大多数是用汗腺来排汗的。那么，植物排水的器官，是什么样的构造呢？原来植物排水现象也有两种，第一种，从和细胞间隙直接连接的孔，将存在细胞间隙中的水分排出，这完全是因根吸水时所生的根压将水挤出，所以是一种由物理的压力关系所生的加压、滤过现象。排水器官很简单，是退化了的气孔。保护细胞已失去伸缩性，像一直张着大口的石狮子，这就叫作水孔。

断面

表面

图 13　水孔

　　有些水孔，有比较进化的特别结构尖端，变成一束管胞，直接在细胞间隙中开口，再由遮盖这部

---

　　① 立方厘米：容量计量单位，1 立方厘米=0.001 升。〔编者注〕

分的表皮上的气孔和外界相通。这种复杂的水孔的排水口，也仍旧是气孔。有的是单一气孔，有的由多数气孔集合而成。气孔的保护细胞，有的依旧留着，变为水孔的保护细胞，有的破坏消失而留下空洞。凡排水口和管胞尖端相离稍远，细胞间隙较大的，便生一层由含叶绿体较少的细胞所成的特别组织，叫作滤水组织。

第二种是活细胞由自动的生理器官分泌水液的现象。担任这种作用的排水器官，特别称为排水腺。排水腺虽有种种形状，大多数是属于表皮系的单细胞或多细胞体构成。有时，表皮细胞依旧在原处，只要形状改变一下就成排水腺了。

剩下的问题是植物到了夏季，为什么要使劲排水？我们根据观察所得，知道植物排水多在蒸热的夜间，就是温度高而空中多湿的时候。高温使根的吸收作用旺盛，多湿更抑制气孔的蒸发作用，入多出少，植物体中水分过剩，因此只好通过直接将水分排出来进行调节了。

当挂在鼻尖的汗珠流到唇边时，我们便感觉有咸的味。同样，植物所排出的水分中，也含着有机物和无机盐类，并不是纯水。我们出汗后，皮肤上往往有细小的盐粒附着，而植物排水口边，也同样留着细粒。所以，本章我就用了这样一个新鲜的标题。

红 叶

　　一提到自然美景，总说春花、秋月，好像只有鲜花和明月，才值得赏玩。其实晚秋锦绣般的红叶，浓厚鲜艳，与春花相比，别具一种风韵。唐朝的诗人杜牧曾赞美过红叶，他说，"停车坐爱枫林晚，霜叶红于二月花"。

　　三秋天气，山麓陌头，乌桕和枫树都像喝了三杯白干后的老人，满脸通红，坐在那里打瞌睡。生活紧张的现代人，自然没有古人"林间煮酒烧红叶"的闲情逸致，去对它低吟赞赏。红叶在枝头待不住时也就飘飘离枝飞下，铺成一条什锦毛毯，作为临别纪念。

青青的树叶，怎么会变得鲜红？这是看了红叶美景后，谁都要提出来的疑问。《山海经》上说，"蚩尤所弃之桎梏，是为枫木"。桎梏因染有血渍，所以枫叶同血一般鲜红，这自然不足凭信。《西厢记》上有"晓来谁染霜林醉，都是离人泪"。说是血泪染红的，这也全凭文学的渲染。现在要依据实验来解说一下，先需考察，变成红色的物质在叶子的哪一部分？采一片红叶来看，就知道叶面比叶背红得更浓。再把这叶薄薄地切下一丝来，放在显微镜下去观察。切叶时，要选择最厚的叶，而且要先加上一滴甘油，再盖上玻璃片去看，便会看见叶面附近，栅状细胞内，贮满了红色液体，此外细胞里还有黄色的颗粒。不用说，这红液就是使叶子呈现红色的"主要角色"。

那么这种色素是怎样生成的呢？原来色素的生成，是从体内的新陈代谢而来的。高等植物的

新陈代谢作用，受光线、温度等外界因子的影响
很大，所以色素的生成，间接受着光线、温度等
的作用。说得更清楚些，当晚秋天气渐寒时，叶
片内光合作用和糖类变淀粉的化学作用受到阻
碍，于是糖分积贮，色素就形成了。红叶的呼吸
率（就是生物吸取氧的量和叶出碳酸气①的量的
比，即 O_2 / CO_2）要比绿叶低，而且有机酸也较
多，这些都与色素的形成有关。

　　至于这些色素的本体是什么，还得研究。无
论哪种植物，它的叶、花或茎中，都含有一种和
淀粉相似的黄色素母酮酚（Flavonol），表皮细
胞中尤其多。这种黄色素母酮酚的作用，同我们
的遮阳伞一样，可以遮住妨害植物的紫外线，不
让它透到内部。到了秋季，黄色素母酮酚就转化
成花青素（Anthocyan），更因某种液体的作用
而变成红色。花青素遇到酸类会变红色，大概这

――――――――――――

① 碳酸气：二氧化碳。（编者注）

种液体也是酸性的。

当切了红叶到显微镜下去看时，需加上一滴甘油，因为怕花青素溶入水中。可是，当红叶浸在水里时，水并不会变红。这是因为当细胞活着的时候，含在里面的花青素是不能外出的。假如我们把红叶在钵中捣碎，加水，用水煮一煮，使细胞死亡，花青素就能溶在水里。再拿来过滤一下，就得到美丽的红色叶汁。把它放在洁白的洋瓷盘里，加两三种药品，便能变幻出十分有趣的色彩。

先向盛在瓷盆内的叶汁，稍稍滴几滴稀盐酸，叶汁就会立刻变成浓赤色，因为花青素遇到了比它在叶子里时更强的酸，所以色彩会变得更鲜明。再滴几滴肥皂水，会发生什么呢？鲜红的叶汁，会立刻变成美丽的绿色。因为肥皂是碱性的，恰和盐酸相反。这时碱性分量比酸多，所以能抵消酸的作用，而显现碱的作用。盛在别只瓷盘中的红叶汁，试滴几滴明矾水，就会显现出

美丽的紫色。

　　说起红叶，人们就会想到枫树，好像红叶就是枫叶。其实除了枫叶之外的种种树和草，有红叶的很多。最普通的是，叶片与枫树相似的槭树，种子呈现白色的乌桕，花要扑扑地落下来的柿树，叶片呈扇形的银杏等，个个现着从鲜血般红到金箔般黄的种种浓淡不同的色调，装饰着美丽的秋山。

　　红叶也不是世界上到处都能看到的，大概以北半球的温带地方为限。在欧洲只有在瑞士山中、德国莱茵河畔略有点缀。此外能看到美丽红叶的地方，是中国、日本和美国。日本观赏红叶非常有名的地方，是日光、那须盐原、碓冰山、箱根等，这几处山上几乎全是槭树。一到晚秋，满眼红黄，简直同堆在一起的锦缎一般。在中国多是水边篱落，三枝两枝，衬在苍松翠柏间。

　　前面说过，红叶色素的形成，与日光、温度等外界的因素有关，所以凡秋季里昼夜温差大，连续晴天，有时降几次雨的年份，往往有特别美丽的红叶。至于庭园中的盆栽，可用人力使红叶更加美丽。在夏季里，使其只上午受日光，在下午避日晒，叶边就不会皱缩，多施肥料，那么叶便不会早落，不要淋雨，还需放在空气流通的地方，这样就能看到十分美丽的红叶。

植物的生活

落 叶

　　当街顶狭窄的一条青天上，可看到淡白的月儿，搬进室内的菊花，已把叶子软软地向下挂着，人们的鼻端嘴角，可看得见白烟似的呼出的空气时，季节已到了初冬。每天早上，人们在人行道上，把还未扫去的落叶踏得沙沙发响。抬起头来，又可看到，绿玉似的梧桐枝条，挺秀刚健；银杏树露出粗干上一个一个乳房状的瘤；最能留住人们脚步的，是在法国梧桐梢头打秋千的绒球般的果实。倘若你能走到林中去看，那又另有一番景色，在静寂无风时，枯叶也从这树枝头，那树梢上，飘飘地往下落，发出低微的簌簌声。有时，一阵渐渐近来的风飒地冲入，许多树叶像小鸟般向天空一哄飞散，林中当即明亮了许多。

这样的情形，每年都会反复发生，所以叶子的下落，并不是偶然的，而且在寂静无风时，树叶也会因本身重量的关系，飘飘然辞柯①飞堕，可知道是树木自己使它落下的。既不是偶然，又不是被动，那么在这些树木本身，也许有某种必须落叶的原因吧。这是当我们看到落叶时，常会产生的念头。

照自然法则来说，凡是无用的东西，一定要被淘汰。换一个面说，凡被淘汰的，多是无用的东西。所以即使不经仔细研究，也可推定飘落的叶子，对于树木来说已经毫无用处。好不容易长成的叶子，怎么会毫无用处呢？也许大家要发出

---

① 辞柯：指树叶离开枝条。（编者注）

这样的疑问。原来叶子对于树木，有两种用处，一是由光合作用制成营养物质，除供给生活上必要的新陈代谢外，还把一部分贮藏在植物体内，作为来年发芽时的养料。所以叶子从春经夏，无休无息地工作着。另一部分是靠蒸腾作用由气孔将体内多余的水分释放到大气中，使根可不断地吸收地中溶有养分的水液。

可是，到了秋天，根、茎、枝等各处"仓库"中，都已堆满了养料，同时，叶也渐渐衰老，做工作也没有从前那样卖力。而且，天气渐冷，根的作用衰退，不能充分从地中吸收水分和溶在水里的养分，因此使叶的机能更不活泼，叶的发育成长差不多已呈停顿状态。另一方面，叶面受干燥空气的影响，蒸腾作用更加强劲，导致树木体内的水分渐渐少去，这样继续下去，树木不免枯死。所以到了这时，叶子不单成为无用的废物，而且还要害树木的生命，树木只好使它凋落。

关于这点，还有一个旁证可引，杭州西湖中的白堤和湖滨公园等地方，在夹道的柳树中间，每隔三株、两株，都装有一盏电灯。当飒飒的西风把冬天带来时，受不到灯光照射的叶子，首先落下。而受到电灯光的，会一直残留到大雪纷飞时。所以，常能看到树木半树只剩铁丝般的细枝，半树还有繁密的绿叶这等特别现象。这不限于柳树，更不限于西湖边，凡人行道上或公园中，在电灯旁的落叶树，都是这样的。因为电灯光和日光一般，也能使叶子进行光合作用。凡受电灯光照着的叶子，因昼夜不停地进行这种作用，机能十分健全，到了冬初，还能工作，自然在不影响大局的情况下，会尽可能地保留。这不仅可做落叶已是无用废物的旁证，更可说明，凡有用的，绝不会被淘汰。

至于常绿树能留着绿叶过冬，是因为其已有种种准备。例如，叶子生得厚硬或细小，表面再披着蜡质或绒毛，使水分不会过量蒸发；增加细

胞液的浓度，使冰点降低，不易结冰等。因为不属本篇范围，不再详说。

在静寂无风时，树叶也会飘飘落下，这一定有什么特别的装置。无论哪种落叶树，试仔细观察连在枝上的叶柄基部，便会发现很细狭的一圈黑痕。若稍稍将叶子碰一下，叶子就从这里折断而落下，这时枝上只留下一个像小刀削过般光滑的瘢痕。我们如果把这部分直剖开来，拿到显微镜下去看，就能知道这圈黑痕，原来是六层乃至八层的木栓形成层，这叫作离层。到树木将要落叶时，先沿附着叶柄的面，生出一两层柔软的细胞层，其内容物比前后的细胞要丰富得多。接着，就向和这个面平行的方向分裂，在细胞内生成新细胞膜，变成几层小的细胞层。

等离层小细胞逐渐长成后，会将叶柄和小枝隔开。但这时叶子和母体中间，还有维管束连着，水分仍旧可以运输，到非让叶子落下不可时，离层前后几层细胞的细胞膜，会变成木栓质

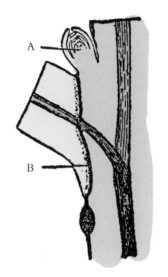

图14 落叶的离层
A. 芽；B. 离层

而阻止水液的流通，贯穿在离层中间的维管束中，产生填充体或胶质，将导管堵塞，打断水的通路。于是叶子干枯，受重力的影响而下落。

关于离层前后几层细胞膜的木栓化，也依树木的种类，而有各种方式，像（1）辛、夷枫等只有离层内方，和枝部相连的几层细胞化成木栓质；（2）黄栌（野漆树）、七叶树、扇骨木等是离层外方，叶柄部的细胞木栓化；（3）桑、银

杏、紫珠等是离层两边的细胞层都木栓化；（4）最特别的是梨、绣球花、女贞等，两侧的细胞膜并不木栓化，待木质化离层一生出就落叶。

至于在叶落后的痕迹上，总该有一层遮盖物才好，像前面所说的（1）和（3），离层和枝部间已有木栓层，可以现成应用。（2）和（4）有的木栓层已跟着叶柄落去，有的本来不生木栓层，若让这部分的细胞裸露，是很危险的，所以叶落去后，和离层相接的叶痕细胞，便会渐渐失去内容物，化作木栓质，造成木栓保护层以保护叶痕，于是表面就像小刀削过般光滑了。后来这些木栓保护层内方的细胞，会分裂成木栓形成层，起劲地制造木栓细胞。结果，木栓保护层的内方，就生着厚厚的木栓层，和枝外侧的木栓层相连接，周密地保护叶痕，防御寒冷的侵袭。

叶子的下落，是由于重力的吸引作用，这和使牛顿发现万有引力的苹果下落，原理上丝毫无异。有趣的是，各种树木有各不相同的落法，像

图15　落叶的葡萄叶柄　　　图16　落叶的胡桃叶柄
　　　依然留着　　　　　　　　也依然留着

赤杨、山毛榉、梣等，是从枝梢先落起，渐渐轮
到近干的叶子，柳树等恰恰相反，是近干的叶子
先落，梢头的叶，一直留到最后；紫藤或皂荚树
等有羽状复叶的，小叶片先脱离中肋而落下，中
肋和叶柄，要过一时才脱落；葡萄的落叶法更
特别，叶片脱落后，叶柄依旧生着，直到新芽
萌发时，叶柄方才落下，胡桃也是这样。假使
我们肯去留意观察，也许能发现多种更特别的
落叶法。

铺在地面的落叶，有各种颜色，千变万化，像夏天晚上的云霞般复杂，最普通的要算褐、黄、红等色。变色的原因在"红叶"一文里已经讲过了。

落叶之前，除变色外，叶内还发生了一个大变化，就是平常叶内含有的无机的和有机的各种物质，如蛋白质、糖类以及氮、钾、磷等化合物，已从叶移到枝，从枝到干，这般移送过去贮藏着。所以到了后来，叶子里只剩下植物不大需要的氯、钙、硅等物质。我们在显微镜下看离层时，若将断面涂上碘酒，便见近叶子面，并无淀粉反应。可证明在落叶之前，已把有用的物质搬完了。

这真叫作废物利用吧！在枝头已毫无用处的叶子，一落到地面，却大可利用。不仅可厚厚铺成一条地毯，使地中的热不易发散，树根不会受冻，而且含水量很多，可以减少洪水之害。若经过了一年半载，又腐化成肥料，可让树木吸收去再造新叶，完成自然界中物质的一大循环。这与前人在落花诗中所说的"落红不是无情物，化作春泥更护花"，情形正属相同。

人们看到落叶，往往认作和落发、脱齿一样，是衰老的现象，而发生无穷的感慨。其实，对树木本身来说，也同我们睡眠一样，是一生中不知要反复多少回的生理现象，说不到悲哀和喜悦。

常绿树

深冬时节，当阴云密布，天色昏暗，寒冷的北风砭①人肌肤，那些落完了叶片的树木，撑着几条疏疏落落的丫枝，一摇一摆地颤抖着，这景象会使人不由得生出悲哀、凄凉的情感，所以古代诗人描写冬天的景象说，"树木何萧瑟，北风声正悲"。在这时候，看到一枝枝或一丛丛的绿树，如松、柏、冬青、柑橘和竹类等，所引起的情调，与见着落了叶的枯树，一定截然不同。绿

———————————————

① 砭：刺。（编者注）

色本就是希望和愉快的象征，细考究动、植物之间的关系，绿叶能够制造有机物，以作为动物的食料。假如没有绿色的植物，动物就不能生存，所以绿叶实在是生命的源泉，人对于绿色会感觉到愉快而有希望，是因其含有动物生存所需要的物质。

但是这样的象征意义，对于事物只是一种皮相的观察，假如我们进一步对于落叶树和常绿树一问究竟，问它们为什么一则落叶，一则常绿。那么就对于落叶树也不会觉得可悲，对于常绿树也不会一定觉得有什么可喜了。冬天天气太冷，植物根部的吸收作用既然已经差不多完全停止，叶部的蒸腾作用如果不跟着停止，全体必然会因为缺乏水分而死亡。所以多数柔嫩的小草，一遇霜雪，随即枯死，只留下种子或地下茎等，待春暖时再萌发，许多有着阔大柔薄叶片的树木，也把叶片脱落，减少水分的蒸发，以保持生命，待春暖时再来抽叶、开花、结果。只有那些叶片较为细小厚硬，表面披着

蜡质或茸毛，可以防止水分过量蒸发的树木，不使叶片脱落，这些叶片对于生命无碍。所以落叶树的脱落叶片和常绿树的保持叶片，都是适应冬季生活的结果，无所谓悲和喜存乎其间的。

　　植物体内含有水分，无论落叶树或常绿树，假如体内的水分冻结成冰，组织被破坏，就有死亡的危险。所以它们在冬季不但要防止蒸发，又须使组织内含蓄的水分不致结冰。我们通常用稻草把柑橘的树干包裹起来，便是人工帮助树木防寒的方法。但树木自身本来也有防寒的方法，它们的方法是把体内所含的淀粉变成糖或脂肪，使细胞液的浓度增加。据塞勃龙（Leclere du Sablon）的研究，自秋到冬，树干中淀粉和糖含量的消长，有如下表（单位：mg/g）：

	淀粉	砂糖
10 月	24.2	2.2
11 月	21.5	3.2
12 月	19.3	3.7
1 月	20.7	4.0

又据费希尔（A. Fisher）的研究，树干中淀粉变成脂肪，在德国开始于十月末或十一月初，在俄国开始于九月。变化的部分，先起于韧皮部，次及材部。材部变化时，其中心的髓部先变，次及外侧；于树枝中，老的枝条先产生脂肪，依次及于柔嫩的部位。这样变成的脂肪，在树干中贮藏过一个冬天，然后再作营养物质用。

这个淀粉和脂肪的变化，可以人为地用温度使它们互相转变。在一、二月里，剪取树枝，放在17℃的温室中，经过二十四小时，脂肪就会还原成淀粉。如再移到低温处，淀粉又徐徐变为脂肪。切取相当厚的树枝薄片，于温室内放在显微镜下观察，就可以看到这个淀粉和脂肪交互变化的过程。

叶片比枝干更容易受寒而结冰，所以冬季常绿树叶的细胞液总掺入糖和脂肪，使它的浓度增加。据华脱氏（H. Walter）对于紫杉和黄杨的考察，冬季细胞液渗透压的增高如下表

（单位：kPa）：

	紫杉	黄杨
12月28日	12.8	34
1月29日	37	50
2月19日	50	51
2月下旬		72

常绿树之所以能带着叶片过冬，细胞液渗透压的增高是一个重要原因。不然，叶不脱去，即使能防止水量过分蒸发，终不能免却严寒侵袭，有冻死的危险。

冬　芽

　　当落叶满地时，暖烘烘的太阳已可透过稀疏的树梢照到屋子里来了。这时，在墙角或篱边，虽然还有红得同珊瑚一般的天竹子，但总减不了我们被大自然所引起的那种寂寞、萧条的感觉。不错，曾经开过春花，曾经缀过秋叶的丫枝[①]，已光秃得同枯柴一般，这不是死亡、绝灭的象征吗？可是，你如果向枝上仔细一看便知道，那些树木不但没有死去，而且还在做来年生长的准

---

　　① 丫枝：树木的分枝。（编者注）

植物的生活

顶芽

腋芽
叶痕

图17 七叶树的冬芽

备呢！

无论哪种落叶树，试折下一根枝条来看，便可见每枝落叶瘢痕的地方，都长着一粒褐色的细芽，梢顶还有一粒更大的芽。长在叶痕上方的芽，当叶未落时，恰在叶腋，所以叫作腋芽，生在小枝尖端的，叫作顶芽。

顶芽和腋芽，分别担任芽的两大工作。有的为目前的繁荣着想，吸收养分，使树木能够充分发育；有的为将来的繁荣努力，开花结子，传播各地，使自己的种族能够繁衍生息。担任第一种工作的芽，发育后生成叶片；担任第二种工作的，只单放花，或花和叶一起出来。单放叶的叫叶芽，单开花的叫花芽，通常又叫作蕾；花叶夹杂的叫作混芽。通常说来，叶芽细长而尖，花芽膨大而圆，所以看了冬芽的形态，大致可以推定来年花朵的稀密。

　　负着这般重大使命的冬芽，需耐受霜打和雪压。可是它的本身非常柔弱，细胞里面充满水分和很多的原形质，细胞膜又极薄，是植物体中最弱的细胞。若不用什么东西将它好好地包裹起来，那么，不单冷风一吹要冻死，就是暖和的太阳一晒，也会因水分蒸发完而枯死。所以冬芽除嫩叶本身有毛密生着以外，其他部位都会穿上一件大衣似的东西。

　　最普通的大衣，是像笋壳般重叠包裹着的几片褐色、光滑、细小的鳞状物，叫作鳞片。试采一枚桃芽，将鳞片剥下来看，便知道它质坚而厚，且是互相密切地贴合着的。所以，不仅里面的水分不会蒸发，外面的水分不能浸入，而且也不易受冷。鳞片的表面，还有一层角质盖着，光滑得同刷了油漆一般，即使洒着雨露，也立刻滴下，芽上毫不潮湿，所以无论怎样寒冷，绝不会被冰所包裹。

植物因种类不同，冬芽也穿着各式各样的大衣。像七叶树的鳞片上涂着胶质，除防水之外，还可把来吃芽的虫活活捉住。河柳的冬芽，用软软的淡灰色的厚毛皮包裹着，看上去像一只猫，日本人因此又把它叫作猫柳。起初这上面还有一层薄皮罩着，恰像大衣外面再罩一件雨衣。春天来临，这层薄皮先脱下，小猫一般的芽就会钻出来了。木兰的冬芽鳞片上，密生着柔毛，恰像裹着绒布御寒一般。

小得同脂麻①一般的芽里，究竟藏着些什么东西呢？如其切开来一看真要叫你吃惊。这些芽里，简单的虽只一张叶片或一朵花，复杂的藏着一根连着许多叶片的枝条，或是一群花，甚至有多到一百朵以上的，而且各部俱全，并无半点伤痕或破损。若把芽的各部分一一剥下来，把原来的顺序搅乱一下，恐怕谁也没有将它复原的本

---

① 脂麻：芝麻。（编者注）

图18　芽的纵剖面

左，花芽；右，叶芽

领吧。

这样小的地方，要藏放这么多的东西，自然要用最经济的排列法才行。例如，叶芽总是叶片在芽里先包成小小的圆锥形，再向一方或两方扭绕而成螺旋形。再或横或直对折而成小球。若是单张叶片的，有的像折扇般叠着，有的像布疋[①]般卷着。可是，它的包法、扭法、折法、摺法、卷法，各种植物又都有自己一定的规则，绝不会错乱。

---

① 布疋：布匹。（编者注）

把将来要长成一根丫枝的叶芽切开，便见中央有一根轴，两侧有许多可成叶片的东西，密密地重叠着。若再用放大镜来仔细观察，在许多重叠着的叶片的腋间，还可看到一粒一粒的小芽，这到了来春，便伸长而成一根分枝。可见植物不单把来年可展成新枝的材料藏在冬芽里，连可成分枝的也一起准备好了。自然的妙技真叫人惊叹哪！

花的由来

真是"春到万花齐放"啊！田头垄亩间，深红、浅紫、浓黄、淡白的花朵，一簇簇，一区区，密密丛生，争艳斗丽。乡下的孩子们看得高兴，拍手踏足高唱道："油菜开花像黄金，蚕豆开花黑良心，荠菜开花白似银，小麦开花一蓬青。"

在我们欣赏鲜花的时候，若能够知道花朵开放的过程，一定会觉得更加有趣。这等于欣赏名画时，需得明白作者个性和创作时的环境一样。所以，我要趁这万花争艳的阳春，来讲一讲花的由来。

图19　芍药的叶愈近顶上愈简单

　　我们不必去找寻什么珍卉奇花，就拿普通的芍药花来做研究对象吧。芍药从茎的基部起直到着花处，叶的形状，都有好多变化。基部附近的叶，有三种样子，下部是由十一片或九片小叶合成的复叶；上部是三片小叶合成的复叶；在这两种叶子的中间，更有些由五片或七片小叶合成的复叶。这种变化经过，恰恰和前次讲过的石檀相反，叶形越近顶梢越简单，后来变成一片单叶，和原来的一片小叶一样。由此小叶再逐渐变形，这短短的叶的基部展成鳞片，叶身会消瘦下去，变成附在鳞片尖端的小小的绿色舌状物，再变成鳞片尖端凹陷处的毛状物，最后完全消失，只剩一片尖端略带红色的黄绿鳞片，这就是萼片。

从叶片逐渐变成萼片的经过，能够这样清楚地摆在我们眼前，真是一件有趣的事。这和我们研究过的枫树芽中的鳞片，在目的和起源上完全相同，都是由叶基部长成的，不过一面要保护芽的柔软部分，一面要保护花的内部而已，此外能够证明萼是叶的变形物的事实颇多，蔷薇的嫩枝上，也可找到同样的证据。

图20　从芍药花上看出由鳞叶变鳞片，鳞片变花瓣的经过

71

萼片的里面是花瓣，我们看见芍药萼片带有红色，以及花瓣上部的凹陷和萼片相似，就可悟到两者的关系。若再看一看山茶花，从坚硬的萼片，到白色或红色的花瓣，逐渐变化，哪里是萼片的终点，哪里是花瓣的起点，完全分不清楚。此外，我国还有一种绿月季，花瓣也同萼片一般，呈现浓绿色。所以花瓣是变形的萼片，也就是变形的叶。

花瓣的里面是雄蕊，通常总是在一根细细的花丝顶上，着生两粒黄色的药囊。我们把在河边、池面浮着大大的圆叶和优雅白色的睡莲花采一朵来，将各部分一一分离，从最外部白色的花

图21 从睡莲花上看出由雄蕊变成花瓣的经过

瓣起，到最近花心的雄蕊止，挨次排列起来看，便可看到其中有一片虽是正常的白色花瓣，而尖端有两点黄斑。这两点黄斑，会随花瓣基部的逐渐狭小而变大，一到它变成了两只长方形的袋子时，花瓣基部已成狭窄的柄，最后成为完全的雄蕊，所以雄蕊是变形的花瓣。园艺家常反用这种特性，使雄蕊还原成花瓣，制造重瓣花。

我们再向里研究，就到达在花中心部的雌蕊了。重瓣樱花的子房，有时会变成一张或两张小叶。重瓣的凤仙花，也有这等情形。我们再拿蚕豆的果实来看，便可明白，雌蕊是一张叶缘向内

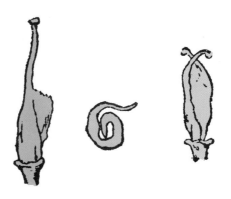

图22　重瓣樱花的雌蕊还原变叶的现象

图23　从蔷薇嫩芽伸展的一条花枝

侧弯曲，互相黏合，中留空隙的叶片，所以雌蕊
是一片或多片的叶转化而成的。

雌蕊有时还会变成雄蕊或花瓣，像柳花里就
可看到由雌蕊变成的雄蕊。重瓣的芍药花中心，
常常可看到鲜红色的花瓣边上，生着白色胚珠，
这胚珠就是雌蕊的遗留物。

我们虽然已经研究到花的中心，但还留着一
个"胚珠是什么"的疑问。如其拿一朵雌蕊已变
成绿叶的花来，必定可在叶边找到胚珠。叶边通

常着生小叶或可发育成叶的芽，所以胚珠和形成胚珠的部分，无非是小叶变成的。因此花的一切部分，都是变形的叶片。

　　有时花的中心会伸出一条披着绿叶的小枝来，若切下扦插，偶然也会生根。这又是一个说明花朵是缩短枝条的有力旁证。

图 24
还留着茎形的
白花菜的花

花和昆虫

　　吹得枯枝呼呼作响的西北风，逐渐衰歇①后，园中又见绯桃素李，互斗芳妍；寂寞的荒山上，也散布着红色的杜鹃花，特别醒目，而紫云英和油菜花，也红红黄黄，把垄亩铺成锦绣一般。路旁径畔，除了楚楚可怜的紫花地丁，还有鲜明的蒲公英，在含笑迎人，大地上已充满了艳艳春色。许多与花有关系的昆虫，也在这时开始活动了。

　　① 衰歇：由衰落而趋于终止。（编者注）

花粉要粘到柱头上，才会结果，虽在纪元前三百年前人们就已经知道。但花的美色和芳香，我们通常总以为只是供人们赏玩罢了。实际上，花的美色和芳香，是招引昆虫来帮助它工作用的。这是直到 1793 年，德国的施普林盖尔（Sprengel）才提出来的。

由昆虫传递花粉的花，各有特别的形状和色彩。所以昆虫虽相隔颇远也能看到。昆虫的眼睛和我们的眼睛不同，照理我们看来鲜艳悦目的颜色，未必能惹昆虫的眼，但学者们从种种实验知道，美丽的颜色也颇惹昆虫的眼。

花瓣能够惹眼，除美丽的色彩外，还有别种原因。试用显微镜去观察种种花瓣，上面全是整整齐齐地排列着的美丽的"玻璃球"，把光线强烈地反射着，所以花瓣看来很有光泽。花瓣上的这种光泽，要油画才画得出，水彩画不能把它充分表现出来。

前面讲过的这位施普林盖尔说："各种昆虫

喜欢的花色，各不相同。例如，蜜蜂喜欢的花色
是青、紫、鲜红、淡紫和淡青紫，尤其最喜欢淡
青紫。此外像深红、橙、黄等，都不太惹蜜蜂的
眼（我国的蜜蜂，惯会到黄金般的油菜花中采
蜜，也许是被芳香所引）。可是，蝶和熊蜂等，
倒非常喜欢这种深红色。"关于昆虫和香的关系，
德国植物学者刻尼尔（Kerner）曾经做过这样的
实验：从离开金银花五十丈处，放一只蛾，这蛾
便像箭一般一直向这花飞来。可见花还用芳香来
引诱昆虫。

关于花色和芳香对昆虫的引诱力，1929 年
威尔逊（Wilson）曾做过这样的实验，苹果花的
花瓣摘去以后，蜜蜂、扁虻、花蜂虽仍旧飞到这
花上来，圆花蜂却不再飞来，若放一朵人造假
花，圆花蜂飞来而蜜蜂不来，若再加上花蜜，蜜
蜂也会飞来。可见花色适于引诱视力发达的圆花
蜂，而芳香适于引诱嗅觉发达的蜜蜂。

昆虫引到了，若不吸蜜，就不能达到传花粉

图25　花粉花

的目的，所以在这些花里，总有一处在分泌蜜汁。不过像罂粟、蔷薇、芍药、黄杨、玉兰等花，基本都不分泌蜜汁，而有许多花粉，这叫作花粉花。当蜜蜂、虻、金龟子等来吃花粉，或为了孩子们的食饵而来采取粮食时，传递花粉的工作就会同时完成。

　　大家总以为虫媒花都是美色芳香的，其实绝不如此。有一种土蜘草，花的颜色完全同腐肉一般，而且有刺鼻的腐臭。有一次某画家替它写生，因为臭不可当，特地用一个玻璃罩子把它罩着。后来因为要观察它真正的颜色，才不得不把

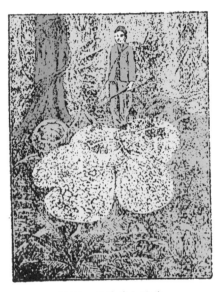

图26　世界最大的花

罩子除去。又因实在太臭，不到两秒钟只好重新罩上。这花上，有一种常聚集在肉上的蝇，成群飞来产卵，替它传带花粉。

全世界最大的花，也同样散发恶臭，名字叫作大王花，是南洋苏门答腊岛森林中难得遇到的奇花。中央装蜜，雄蕊的杯状部有一尺长，五张花瓣都有一尺二寸这么长。所以全朵花的直径竟有三四尺。叫作花瓣的，总以为是薄薄的，但是它薄的地方有三分，厚的地方有七分，是一个庞然巨物，重到十四五斤，这花不光是臭，颜色也同腐肉般浊黄，全体还有淡紫的斑点。从发蕾到充分开放，要经过一个月之久。花开后，一两天就腐败了。这花无叶无根，用短短的茎，寄生在着地蔓延的葡萄科植物的蔓上。花上逐臭的飞蝇群集，替它将花粉从雄蕊传到雌蕊上。

把这些虫媒花的花粉拿到显微镜下去看时，就会看到上面生满了刺，有的还用丝互相连接着，这使它很容易地附在昆虫身上。而且柱头上常是黏黏的，可以把蜜蜂带来的花粉粘住。同时，无论哪种花的构造，都使花粉能够很容易地附在来访的昆虫身上和粘在别花的柱头上。

我们且把蜜蜂飞到蚕豆花上来的情形来看一看吧。蜜蜂踏上那合掌般有黑纹的花瓣，把嘴伸向花时，下面花瓣的尖端，就从这合掌般的花瓣间出来。接着，柱头也露出来了，而蜂尾端带来的花粉就粘在上面了。同时，几个花药恰像从锡

管中挤出颜料来一般,把花粉露了出来,将它附在蜂尾上。

小蘗的花,雄蕊能进行奇妙的运动,昆虫略略一碰,便会立刻翘起,将花粉涂在虫身上。加鲁米耶的花也有同样的构造,平常雄蕊贴在子房上,花药躲在盘形萼的角落里,蜜蜂飞来,一碰到雄蕊的柄,便会嗒地翘起,将花粉涂在它身上。

唇形花也有一种传播花粉很方便的构造。当

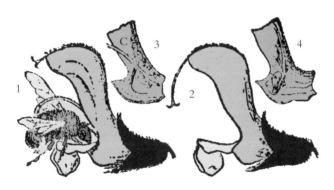

图27 撒尔维亚花的授粉

1. 土蜂在花内采蜜,花粉囊触着它的背部;2. 花开较久,花柱伸长,柱头触着蜂的背部,将花粉粘在其背部;3和4. 蜂舌伸入花内,因受阻碍,使花震动

82

昆虫踏在唇瓣上而把头伸进去时，丁字形雄蕊的下端会被它的头顶推进，上端便敲着虫的背部，将花粉涂上（这时同花的雌蕊未成熟，躲在里面，所以不会受粉）。当这蜂飞到雌蕊已经成熟而下垂着的其他花上，背上的花粉就粘在柱头上了。

马兜铃这类植物的花，雄蕊和雌蕊在瓶状花的底上，而且雌蕊比雄蕊早两三日成熟，瓶颈里面有毛生着。因为当雌蕊成熟时，瓶的内面分泌甘蜜，蚊嗅到蜜香，就爬进来吃蜜。它到了花里，这边吃些，那边尝些，肚子吃得饱饱的，休息一会，便想出去。不料爬到瓶颈，那处的毛是向下生的，进来容易出去难。于是，蚊心慌意乱，在瓶中东奔西走地找寻逃路。当然，也会爬到柱头上去，这时蚊身上带着的别花的花粉便粘到柱头上。柱头得到花粉后，过了几小时，就会萎缩了。蚊虽一直在里面东奔西跑，但终究无法出去，一天过去了，两天过去了，到第三天花药

开放，花粉出来，附着在蚊身上，才放它出去。为什么呢？因为这时瓶颈里面的毛已完全萎缩，蚊可以通过了。若是我们人类的话，一次误入这种陷阱后，就会牢牢记在心头，再也不会进去。但蚊立刻就会忘却，又被蜜引诱而爬进别朵马兜铃花里。它就是这样在一朵朵花间传播花粉的。

图28 马兜铃

上，花和叶；中，雄蕊未成熟时花的剖面；
下，雄蕊成熟时花的剖面

某种兰类，花里面有水积着，先使虫跌入浴盆里，当它湿淋淋地爬起时，必定会碰到花粉和柱头，例如萝藦、錾菜等的花中有一条沟，当虫脚陷入，想拔出而乱抓时，花粉的块就附着在其脚上。这些是用泼辣手段，要虫强带走花粉的特别构造。

亨斯洛（Henslow）在他所著的《花的构造》（*The origin of floral structure through insect and other agencies*）中说："植物因昆虫常常到花里来，受昆虫的重量、压力、刺戳等刺激而起适应作用，所以产生千差万别的花色和花形，散发各样的芳香。"这样说来，昆虫不仅和植物的繁殖有关，还是花进化的原动力呢！

花的睡眠

"只恐夜深花睡去，高烧银烛照红妆"，这是苏东坡咏海棠的诗句，海棠花并不会因夜深而睡去，只因东坡先生要表现它的娇艳，所以用拟人的手法来描写。其实，你若肯向花坛间或草原上留意观察的话，便知道花朵的确有合下眼皮，或垂下头打瞌睡的。

绿色的草原上，点点繁星般散列着的蒲公英，是一种要睡觉的花。平常虽午前七点钟开，午后五点钟闭，好像是一个早起早眠的卫生家，可是到了阴雨之日，它就躲在被窝里，不肯醒来。

叶形似柳，开小黄花，生在山地上，算是蒲公英的堂房小弟弟的柳叶蒲公英，比它哥哥还要贪睡，早上八点钟开，一到下午三点钟，就合眼睡觉。也许是年幼的孩子，该多睡几小时的缘故吧！

　　从西洋传到我国来的婆罗门参，是午前四点钟开，午后两点钟闭的。听说英国有些地方的农家孩子，有看到这花闭合，就回家吃午饭的习惯。

　　此外，还有些昼睡夜醒，和枭（xiāo）鸟一般的花，像黄花南芥菜、月见草、蒲芦和一种海边野生瞿麦等都是。

　　花的睡眠，既然各有一定的时刻，不会错误，所以十八世纪的大植物学家林奈（Linne），把按时开闭的花排列起来，由它们的开闭来划定时刻，叫作"鲜花表①"。据他自己说，虽因外界

---

　　① 鲜花表：林奈花钟。有两种形式，一种以植物开花的时间不同，将其组成一个报道时间的时钟；另一种是将花卉组成钟盘报道时间，又称园艺钟。（编者注）

的状态（温热及日光的强弱）略有差异，但实际上是可以应用的。

这种"鲜花表"，固然比我国的铜壶滴漏、英国的刻烛定时更富有诗意，只可惜一年中用不了几天。

动物整天为了求偶和觅食而忙忙碌碌，一到晚上，自然要用睡眠来恢复体力，而不劳不动的花朵居然也要按时入睡，未免有些奇怪。

但凡靠风传播花粉的花，没有一种需要睡眠的。那么，花的睡眠，大概和传播花粉的昆虫之间，有某种密切的关系吧！领会了这一点原则，再去仔细观察，当嗡嗡飞的昆虫，由稀少而到绝迹时，花就开始睡觉。所以只要昆虫不来，即使在白天，花也会早早睡着。飞来的昆虫种类，因花的不同，而有各种昆虫，又各有一定的采花时刻。因此，花的睡眠时刻，也就各异。

夜里开的花，自然是夜里飞出来活动的昆虫的好朋友。在黑暗之中，美丽鲜艳的花瓣，真是

"衣锦夜行，谁知之者"？植物绝没有这样笨，因红色、紫色等，反不如黄色、白色来得醒目，所以夜里开的花，也是黄白色的居多。

靠飞蛾等传播花粉的花，白天不用开，靠蜂、蝶等运送的花，夜里也用不着开，若在不需要开的时候，依旧张开，那么宝贵的花粉，将会白白地给毫无作用的昆虫偷吃了。花的睡眠，虽然不像动物那样有恢复体力的作用，但也是一种护身的方法。这只需看在雨打风吹的时节，许多合着花瓣睡觉的花，就可明白。因为这时昆虫既不会冒雨飞来，又怕花粉、花蜜给雨冲去。

植物没有什么神经，怎么花瓣也知开闭呢？原来一切花瓣的基脚附近（叫生长部），在起劲地分裂细胞，或将细胞膜延伸，使花冠的面积扩大。普通的花，无论外界的状况怎样，花冠内侧层常比外侧层生长得更旺盛，因此花冠就向外翻转，而花朵就开放了。一朝开放之后，不会再闭。可是，有些花有一种特性，花冠侧层的生长

速度是依着外界状况而变化的。

例如，番红花等早春开放的花，对于温度变化的感应，非常敏锐，温度上升时，花冠内侧层的生长比外侧层更迅速，就会开花；温度降低时，外侧层的生长旺盛，花便闭合。这种花，若去仔细观察，一天之中，睡了醒，醒了睡，要反复好多次，全是由温度的变化而导致的。

蒲公英和此外多数菊科植物的花，以及荷花等，都是依着日光照射的程度而开闭的。因为日光有使生长迟缓的作用。闭合着的蒲公英，受到初阳照射时，外侧层的生长迟缓，被内侧层赶超，就慢慢展开了。展成水平后，内侧层向上，受着日光照射，生长再次迟缓；外侧层躲在阴面，生长迅速。一到傍晚，已超过了内侧层，花就不自主地闭合了。所以我们若把它们从日光中移到阴处，也同样会闭合，仿佛吃了催眠药水一般。

花的睡和醒，是因温度的变化，或是受日光

图29　蒲公英花的开闭
左，在日光中开放；右，在阴暗中闭合

的支配，或是受双方共同的作用，而且感受的程度，又因种类而各异，所以各种各样的花便有各种各样的睡醒时刻，可作为钟表用。

有几种植物的花一到夜间，像老人打瞌睡般，会把头垂下来，第二天早晨又重新竖起，像胡萝卜等伞形科的植物，便是这样。这能防止昼间受得的温度，到夜间散发。而且也只有花丛中幼嫩的花有这种情形，一到各花成熟，果实结下，就不再垂头了。

若问各种靠风传播花粉的花，为什么没有一

种需要睡眠呢？这是因为风和昆虫不同，它的吹拂是不定时的，而且这种花里面又没有蜜，不怕虫子偷吃，便无须闭合。

就是靠虫传播花粉的，也是有许多并不合眼睡觉的。这是因为，花的寿命短，朝开夕谢；构造结实，无须睡眠；或是花粉很多，即使稍受损失，也满不在乎；或是形状细小，有叶和苞保护。这种花，当然没有再加护身设备的必要，因此就不需要睡眠。

"哪种花是睡眠的？""在什么时候睡眠？""有怎样的睡法？"我们如其带了这三个问题，到自然界中去研究的话，一定能发现比上面所讲更有趣的事呢！

种子的由来

　　参天拔地的大树和如火如荼的繁花，都是从一粒种子开始的。细小得引不起人们注意的东西，居然包含这般伟大的生命力，仔细想想这和魔术师将黑布在地上一盖，就有一对洁白的鸽子拍着翅膀飞出来，同样稀奇。因此，我们来研究产生种子的经过，也是一件有趣的事。

　　简单来说，只需雄蕊上的花粉，粘到雌蕊柱头上，经过受精作用，子房中的胚珠就会发育成种子。其实这中间还有许多奇妙的变化。

　　我们先需研究，在造成种子的过程中，雄蕊

做了些什么？完全的雄蕊，都有相当发达的一根花丝，上端斜斜地生着一只囊，这叫作花药。花药的构造，主要部分是几个藏着花粉的囊，这叫作花粉囊。

花粉囊是由一群花药的表皮组织下面的细胞产生的。最初，在花药表皮下面的一个或几个细

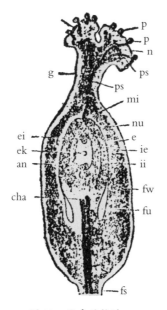

图30　子房的构造

fs. 子房基部；fu. 珠柄；cha. 合点；nu. 珠心；mi. 珠孔；ii. 内珠被；ie. 外珠被；e. 胚囊；ek. 胚囊核；ei. 卵细胞和助胎细胞；an. 反足细胞；g. 花柱；n. 柱头；p. 花粉粒；ps. 花粉管

胞开始分裂，产生了原形质特别丰富的细胞群。这细胞叫作孢原细胞（Archesporial cell）。再经过几次反复的分裂，就成胞子母细胞，即是花粉母细胞（pollen mother cell），此后便产生花粉。形成花粉的细胞群周围，组织分化，便成花粉囊的壁层。

花粉通常是有两层膜的一粒球形细胞。内层膜很薄，构造简单，外层比较厚，构造复杂。虫媒花多有种种突起的花纹，以便附着在动物身上［像洋牡丹和百合的花粉上生着襞褶，黄瓜的花粉有异状突起，牤（máng）牛儿苗是有孔的，葵花是有刺的］。水生植物中靠水传播的花粉多无外层被膜。风媒花的花粉，干燥轻小，表面光滑，松等植物还长着两只风袋。

雌蕊，最简单而又最规则的形态，恰像一个酒瓶。子房内含着胚珠，胚珠的数目有只一个的，也有五六个的，更有像罂粟花这样含着许多胚珠的。细长的部分（即花柱）有的有空心的管

子贯穿着；有的组织疏松，呈海绵状。这都是为了使花粉管更容易通过。花柱的顶端是柱头，生着一层细毛，能分泌黏性的液汁。

再把藏在子房里的胚珠剖开，便能看到这样的构造，中心是柔软的珠心，由两层膜包着，分别叫内珠皮和外珠皮，在上端或下端有孔，直通珠心，叫作珠孔。大多数植物受精时，花粉管是从这里进去的，而且后来到胚珠变成种子发芽时，幼根也是从这孔伸出来的。近孔处的珠心中，还可看到一粒极大的细胞，这叫胚囊。

胚囊中的核通常反复分裂三次，变成八核。其中三核在珠孔附近，形成三个小细胞，叫作卵器；还有三核在别端，叫作反足细胞；剩下的两核集中在中央，叫作中央核或极核。卵器中只有在下方的一个细胞，将来可以形成胚，叫作卵细胞，其余两个叫作助细胞。

大家都知道，大多数植物的受精先要将花粉附在柱头上。但是柱头和子房，还隔着一段长长的距离，花粉是怎样到达那里去的呢？这是植物学者曾经专心研究过的问题。当初提出了几种推测，有些人以为是花粉陷下去而倒在子房里的；也有人认为是花粉在柱头上崩坏，放出可达到子房的内容物；竟连推想花粉发生某种物质，能隔着一段距离起作用的人也有。直到靠显微镜的帮助，解决了这个问题之后，才知道这些假定都是不正确的。

花粉碰到雌蕊的柱头或适当的液体（如麦芽糖溶液），就开始抽芽，内膜穿过外膜，呈管状地延长。这时，如其是被子植物的话，花粉内的一个核已分裂成管核和生殖细胞。管核移入花粉管内，生殖细胞又分成两个精核，也跟着原形质而流入。裸子植物花粉内的变化情形，比被子植物还要复杂。

在柱头上生长的花粉管，达到相当长度后，尖端部分便钻入柱头的组织内，贯穿花柱而前进，有时需经过颇长的距离（像仙人掌的花柱有

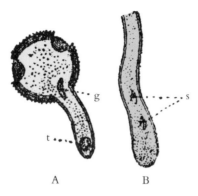

图31　花粉抽生花粉管之状

A. 花粉管初抽出时；B. 已抽长后；g. 生殖细胞；

t. 管核；s. 从生殖细胞发生的精核

达几英寸长的），最后达到胚珠的珠孔。在黑暗中摸索前进的花粉管，尖端怎么恰巧会钻进珠孔呢？这总不能说是偶然吧！这是因为胚珠里面有一种化学物质，能使花粉管起屈化现象，自动地到达珠孔、胚囊，完成运送精核的大使命。

当花粉管尖端碰到胚囊的时候，管核早已消失，其中一个精核，就从柔软而已经溶解的管端进入胚囊，和卵细胞结合成受精卵。于是周围会生起纤维质的细胞质，一而再，再而三地继续分裂，形成多细胞体，这就是胚。此外两个助细胞，随胚的发育增大而逐渐萎缩消失。至于还留在花粉管中的另一个精核，也会被送进胚囊内了。它慢慢地向中心移动。那边原有的两个中央核，已合并而成一个第二中央核，再和精核合并，变成一个由三个核合成的核。再旺盛地分裂成许多的核，后来各核间又生细胞膜，形成胚乳组织。这时，胚拖着一条尾巴般的胚柄，渐渐地向中心移动，最后被胚乳包裹住，一同在胚囊内发育长大，成为一个种子。反足细胞会随胚乳组织逐渐发育而消失，从花粉管送来的两粒精核，一个和卵细胞结合，一个和中央核结合，在一个胚囊里，发生两种受精现象，是生物界中值得注意的事情。因此植物学家特地将它取名为重复受精。至于裸子植物的胚乳，是由胚囊形成的。

胚乳原是供胚消耗的营养物。有些植物应用以后，便把剩余的在自身的某部分（子叶）中贮藏起来，这叫无胚乳种子，像蚕豆、落花生、栗等都是。有些植物把剩余的养分，全部贮藏在胚

乳内，所以胚的形体比较小，这叫有胚乳种子，像稻、麦等就是。

小小的一粒种子，要用如此繁复的过程来形成，也许不容易使诸位相信。其实生物界中，无论哪一部分的器官构造，哪一种生活现象的经过，如其能仔细去观察研究，便可以知道都不是简单的构造。

果实和种子

到了秋天，水果店里真有点像样①，五颜六色的面孔都在那里引诱顾客。水果诸位都吃过见过，没有什么稀奇，所以我若问一句："果实是什么?"也许有几位可立刻回答："果实是草木上生的，可以吃的东西。"其实应该说"果实是成熟的子房"才对，理由呢，看下去自然会明白。

花粉靠种种方法附在柱头上后，就伸出一根名叫花粉管的细管钻进雌蕊里，直达子房。子房

---

① 像样：体面好看。(编者注)

101

里面，有被称为"胚珠"的袋子，它包裹着卵细胞。花粉管从胚珠的小孔进去后，花粉里的精核就沿着花粉管滚进去，和卵细胞结合，渐渐地长大形成胚。胚连着胚珠的皮是种子，种子连着以前包胚珠的子房皮，就是果实。像豌豆、橘子等有许多种子，子房内胚珠也有相同的数目，而且每颗都有各自的花粉管。

果实虽都是这样生成的，但生成后的水果的形状、颜色却各种各样，里面还有几种很特别的。

水蜜桃、蟠桃等的硬核，有些人错认作是由胚珠变成的种子。其实，种子躲在这两块硬片里面，那么这核是什么？是子房最里面的一层皮变成的。我们知道，萼、花瓣、雌蕊、子房都是叶一般的东西变成的。且看梧桐已裂开的果实吧，它的子房皮好像调羹，不是和叶相同的吗？所以子房的皮，也是由三层合成。我们吃桃子时，剥去的皮，是和叶反面的表皮相当的外果皮；吃的肉是和叶肉相当的中果皮；而这坚硬的核，是和上面的表皮相当的内果皮。

种子躲在这样坚硬的核里，出芽时不会感到困难吗？事实上，不但毫无困难，而且必须如此才行。因为躲在这样的坚壳内，那么无论什么动物吃了果实，将它吐出时，无论落地和石头相撞，被牛马这般重的兽类践踏，都毫不在意。鸟类吞下食物时，要先在藏满瓷器破片和小石的砂囊①中将其研碎，再送到胃囊中，这是大家都知道的。和果实一起吞下去的种子，如果是柔软的，那么就会被完全消化了。

虽是这样坚硬，但种子出芽时，核便会自然地裂开。南洋产的椰子，核非常坚硬，简直和铁一般，但出芽时，能从胚乳分泌一种能够溶解硬壳的液汁，开一个洞，让芽钻出去。我们吃的胡桃肉，就是躲在果实核中的种子！

桃、梅、李、樱桃等蔷薇科植物，种子都躲

---

① 砂囊：指鸟类和其他动物，如蚯蚓、蚂蚱、小龙虾的消化器官。

在核内。此外的水果，通常叫作"子"的，其实都未必是种子。

我们且把葡萄来看看，子房的三层皮，分得清楚吗？这是除外果皮外，都变成果肉了。但吃的时候，有裹着种子，比较韧的一块，这就是和核相当的内果皮。

至于那美丽的苹果却颇特别，我们剥去皮而吃的，不是果皮，这是把子房嵌在里面的花托长大变成的，子房就是我们通常会丢掉的心，梨也是同样。这类果实，子房的皮分不清楚。柿子，我们吃的是中果皮，包着种子，闪闪有光处是内果皮，看得很清楚。

橘子和文旦①生得更复杂。剥去的皮，是由中、外果皮合成的。从它的切口来看，外果皮上有像渗过油的颗粒排列着。实际上，这是藏着油的腺体，皮面上布满这些腺体的开口，剥橘子、

①　文旦：柚子。（编者注）

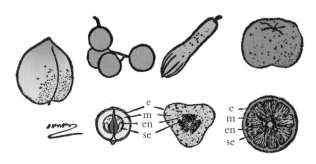

图32　肉质果的种类

自左而右：核果（桃），浆果（葡萄），瓠果（胡瓜）和柑果（橘）；
e. 外果皮；m. 中果皮；en. 内果皮；se. 种子

文旦时，常有雾一般的东西出来，散发芳香，这种油有引诱动物的作用。

橘子、文旦每裥（jiǎn）[①]上的囊，全体都是内果皮。若从裥腹扯开来看，有许多充满了浆汁纺锤状的细长丝缕，生在每裥背的内侧，这是内果皮里面的细毛。

以上所讲的都是肉质果，此外还有干果。干果里面，有一熟便会自己裂开来的，像前面讲过的梧桐的果实等。可是像梧桐这般裂开的果实，会带

---

① 裥：原指衣裙上的褶子。此处指橘子、文旦上的褶皱。（编者注）

着种子一起飞离的却很少，大部分是果实一裂开，种子便从里面飞出，像牵牛花、豆等都是这样。

果实不会裂开的，有栗、槭、蒲公英等。栗用洋绒似的涩皮包着的是种子，果皮是古铜色的硬壳，栗球是由包在花脚的总苞变成的。槭果的翅，是果皮向一方延伸而成的。蒲公英果皮极薄，究竟有没有还不明白①。米和麦，种皮和果皮合成一片了。

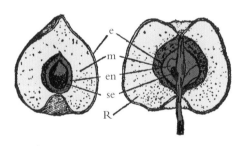

图33　桃子和苹果构造的比较

e. 外果皮；m. 中果皮；en. 内果皮；se. 种子；R. 花托

植物生果实的目的原来是为了传种，但竟有许多无种子的果实，诸位能够说出它们的名字来吗?

---

① 目前已知蒲公英是有果皮的，果皮转化成轻柔的絮状，能随风飘飞。

种子发芽时的理化作用

"野火烧不尽，春风吹又生"，老衲般的冬山，一到阳春，枯黄的脸上又添了一抹淡淡的石绿；田边畦畔，更可看到伸着两只丫角似的子叶的秧苗，在临风跳舞。正像胡适之①《砍树歌》中所说："伸出两片小小的叶子，笑眯眯说道，'我们又来了！'"一粒干燥的、细小的种子，要长成一株幼苗，这中间，实在有许多微妙的变化。

种子在干燥状态中，绝不会发芽。要发芽，

----

① 即胡适。

必须先吸收一定量的水分。种子的吸水，差不多全是物理现象，主要是因为，水向构成种子的各种物质的分子间浸入的"分子间润湿现象"，以及细胞阀隙的"毛细管浸润现象"和细胞内容物的渗透现象。种子吸水后，体积增大，于是产生一种对外部的压力，不仅能压开土壤，还能胀破种皮，使胚更容易伸出。

关于种子吸水后的膨胀压力，在十八世纪初，英国的海尔斯（Hales）已经研究过了。他用一个小的铁壶，里面装满了吸足水分的蚕豆，盖上盖子，上面再用重的东西压住。这样竟发现蚕豆膨胀时，可将二百磅①重的物体抬起。解剖学者要把头盖骨各部分分离时，通常利用种子的这种特性，在头盖骨空隙内装满蚕豆，再浇些水，于是蚕豆便会膨胀，而头盖骨内侧各面，都受到同样大的压力，就沿着缝隙分离了。

---

① 磅：英美制质量单位，一磅约合0.45公斤。（编者注）

水不仅能使种子膨胀，产生压力，还有更重要的化学作用。贮藏在种子内的一切物质，都是在水里不能溶解的，要做营养物质，需要变成别种形态，例如淀粉变成麦芽糖，就可以溶解在水里了。我们在淀粉里加一滴硫酸时，固然可以使它变成砂糖，但植物无论如何都不能得到这种游离酸，当种子发芽时，会发生一种名叫淀粉酶（Amylase）的酶，同样能使淀粉变成麦芽糖。

　　要证明种子发芽时，淀粉化成麦芽糖的现象，只需拿一粒生麦和一粒发芽的麦，在嘴里尝一尝就明白了。前者淡而无味，后者是甜津津的。而且我们知道，费林试剂（Fehling's so-lution）能和麦芽糖生成砖红色沉淀，如其把发芽的种子切取一片，放在显微镜下，加一滴费林试剂，便可看到细胞中有一部分显现红色。而且还可在显微镜下看到，许多淀粉粒在逐渐分解中破碎。此外，含有蛋白质和脂肪的种子当发芽时会产生各种不同的酶，将它们变成可溶解的物质。

种子内部，这些酶起作用时，是少不了水的，必须先有水将这些酶溶解，而且当分解时，会连水的分子也一同分解，所以这种作用，又叫加水分解法。淀粉化糖的化学方程式是：

$$(C_6H_{10}O_5)\ n+nH_2O=nC_6H_{12}O_6$$

这些溶解物，还需由水带到胚里，才能供生长使用，不过那时又变成不会溶解的物质了。所以当种子发芽时，水分除物理作用外还有微妙的化学作用。

液体的扩散和通过毛细管的速度，是和温度有关的，温度上升，淀粉酶对于淀粉的作用速度也更快。所以种子发芽多在有温暖的阳光照着，和煦的春风吹着的时候。凡对于发芽活动最适宜的，且使植物生长最快的温度，叫作最适温度。超过或不及某温度时，就不可能发芽，这叫作最高和最低温度。像谷类是在59℉～77℉[①]时开始

---

① 华氏温度，摄氏度=（华氏度-32）÷1.8。

发芽，随着温度上升，发芽也会更快；最低温度42.8℉，最高温度86℉。可见发芽速度受温度的支配。

若周围的温度，常在32℉[①]（即水的冰点），那么发芽就不可能了吧，大家总会要这样想！可是最近竟发现种子能在冰中发芽的有趣事实。若要实验，可参照下面布置：在一块冰上钻几个小穴，将种子放入穴中，另外再拿一块冰，将穴盖着，一起放在四周用二尺多厚的冰层围着的箱中。实验时，还可将种子分作两组，一组在一月里埋藏，一组在三月里埋藏。那么经过两个月后（就是三月和五月），像黑麦、小麦、蚕豆、甘蓝、芥菜等植物的种子就会发芽，它们的细根伸入冰中。这虽是一种不可思议的现象，但用正确的实验可以证明，这是种子呼吸所产生的热将周围的冰溶解了。明白了这种事实，那么见了在雪

---

① 即0℃。

中开花的高山植物，也就不会惊奇了。

种子的发芽和日光、光线的关系，因植物的种类不同，而有很大的差异，像黑种草是不受到日光照射绝对不发芽的；无花果是靠种子发芽的植物，也需要日光，最特别的是烟草，吸过水的种子，只需三分间^①的日光照射，就能发芽了。苋科中的鸡冠花属和老枪谷，即使种子照不到光线，也能很好地发芽。凡受到光线照射就发芽的种子，叫作好光种子；相反地，叫作好暗种子。光线对于种子发芽的作用，学者们议论纷纷，有的说是刺激作用；有的说是供给发芽时所要的能；有的说是当贮藏物质起分解作用时，营造触媒作用的。直到现在，还没有确切的解释。

种子发芽时，必须先进行呼吸作用，这是由各种实验来证明的。由此就可明白，呼吸所需的

---

① 三分间：三分钟。

氧是必要的。多数种子浸在水中，发芽情形就不大好；在水中能够好好发芽的种子，若是沉在水底，也不能发芽。在煮沸而已将大部分空气赶出的水中，发芽就会困难；反之，在流动的水中，发芽就容易，这些事实，都足够证明氧和发芽的关系。

陈旧的种子往往不易发芽，这是大家的经验。种子维持发芽能力的期间，又因植物的种类和周围温湿的程度而异，像柳树和桑树的种子都很短命，离开母植物后，若过四五日就不能发芽了。从埃及坟墓里拿出来的小麦，已有一千年以上，从辽宁的普兰店泡子屯这一带泥炭层中掘出来的莲子已经过近千年，但都还能发芽。这真叫作"寿夭不同"了。

此外还有一种因种皮坚厚，不能吸收水分，一时不发芽的种子，叫作硬实。植物产生种子，目的原在繁殖，那么为什么要生些不发芽的种子呢？因为所生的种子，如其一齐发芽，那么遇到

什么巨大的灾害而全部死亡时，岂不就此绝种了吗？若有一时不发芽的硬实留着，那么它将来得到某种机会，种皮破损，吸收水分，就会发芽成一棵新植物，依旧可以绵绵不绝地繁殖下去，植物能够这样绵密周道地计划身后事，真是让人惊叹哪！

种子的长途旅行

在芦花白头、枫树艳红的初冬时节，若为了采取剩在枝头的栗球，或拾集落叶间的橡斗，而踏进草丛中去，那么诸位的衣服上，一定会被种种果实和种子附着。最普通的是牛膝、山菉豆①、窃衣、龙芽草、豨莶（xī xiān）、鬼针草、猪殃殃、山蚂蟥等。这些都是用毛、钩、刺、针等攀搭在衣服的纤维上的。

果实附在动物身上，向各地散布的，真的很

① 菉豆：绿豆。（编者注）

多。现在就把菊科植物中的豨莶来讲讲，它的果实上生满尖端弯曲的钩，一旦附在羊毛上就不容易除去，所以羊毛商人非常嫌恶它。欧洲的克里米半岛上，在1814年以前，连一株这样的草也没有，可是四十年后，遍地都是。这是1828年，俄国骑兵在马鬣和尾上，将它带到乌拉克，由乌拉克蔓延到塞尔维亚，再由猪将它从塞尔维亚带到匈牙利。两年之后，就夹在维也纳的羊毛中了。1871年又蔓延到了法国和英国，当散布到澳洲时，连羊毛的产量一时都减少了一半。

到南天竹上芡实般的果实又呈现赤色时，便有白头翁等小鸟飞来啄食。可是，坚硬的种子，不能在肚子里消化，便和粪便一同排出，明年就可看到小小的南天竹从鸟粪中钻出来。此外还有许多核果、浆果，都是以同样方式，依托动物散布种子的。

随着气候的变化而迁徙到远方的水鸟类，散布种子的效果尤其显著。水鸟觅饵的泥泞中，混有各种水草和泽草的种子。它们有时将这些种子连同食饵，一同吃下去；有时将混着种子的泥，粘在身上飞去。达尔文曾经留意到这点，查看某种水鸟的粪便，里面竟有十二种植物的种子，又有一位学者从附在一只水鸟的嘴、翅、脚上的泥中，检查得三十一种水草种子，栽培起来，都能好好地生长，这就是水草和泽草蔓延全世界的原因。

英国某处乡间，曾发生过一桩奇事。许多刺金雀花树，并没有人去种植它们，却在野原上整整齐齐排成一条直线地生长。后来仔细考察才知道，是蚁类将这些植物的种子运回巢去时，沿路落下的。此外像地丁的种子，也是同样由田蚁散布的。

在南非洲还有杀鹿的果实和杀狮的果实，听到这句话的人，一定要这样想："大概这果实含有剧毒吧。"其实并不是这般杀法。杀鹿的，是马尔台尼亚草的果实，两端同山羊角般尖锐，全

体生满针刺，形状可怕，所以称为"恶魔角"。这果实成熟后，落在草中。当鹿走来吃草，把头向前推进的当儿，果实便插入鼻孔。鹿疼痛难忍，将头乱甩。这时，里面的种子，就被远远地甩出去了，有时鹿会因疼痛发狂而死。杀狮的果实，上面生着许多锚一般的刺，有一寸多长，而且非常坚硬。当狮子被强烈的日光晒得发倦，在地上打滚，背部突然被这果实所刺时，觉得疼痛，便会张开血盆大口来咬。不咬倒也罢，一旦咬这果实上的锚，锚便会钩住狮子的颚间、舌上，此后就什么也咬不成了。威风凛凛的狮子，到了这时，除饿死外，没有其他办法。但这草的种子，却由狮子狂奔乱窜而散布到远方。

　　海中的珊瑚岛上有很多像棕榈般生长着的椰树。谁也不去种植，那它怎样来的？这如同人头般大的椰子，是载沉载浮①地在海中漂流时，被

---

① 载沉载浮：在水中上下沉浮。（编者注）

波浪打到岸上而慢慢生长的。有一位在海上探险的英国学者，曾看到过九十七种植物种子在海中漂流。日本九州东南近岸的一个小岛（名叫青岛）上，长满了蒲葵树，最初的种子，就是由热带暖流从南洋群岛那边带来的。因为附近一带岸上，找不到它的踪迹。

睡莲是生长在水中的植物，当果实在水中裂开，从里面出来的种子，就带着海绵似的"救生圈"在水面漂流。到了这浮水带朽腐时，种子沉向水底，就在那里生根抽芽。和睡莲相似的荷花，也用组织运输，内含空气的莲蓬随水漂浮，将种子运到远方。此外靠水散布种子的植物，还有许多。当河川涨水退后，留在岸上的垃圾中，往往可找到各种种子。

蒲公英、松、柳、香蒲等的果实或种子，虽都能靠翅膀、毛茸随风飘扬，但飞不到很远的地方，最容易被风吹扬的，还是微尘般极细小的种子。

全世界最小的种子，是天鹅绒兰，重量约一钱[①]的二百万分之一，能随着微尘，高高地飞去。在路边看到的兰翘摇和绶草，也因种子细小，可以到处繁殖。地衣类的粉芽能从这山顶上，传到那山顶上，也是靠风的作用。

植物中还有不靠动物、水、风，而用自己的力量将种子弹出的。像凤仙花、野凤仙花、酢浆草、金缕梅、紫花地丁、苦瓜、鸢尾、大豆、豌豆、荠、栗、麝香百合等都是。最有趣的，是在高加索和北非洲等地自生的喷瓜。果实成熟后，里面产生大量浆水，果柄一脱，就像拔去汽水瓶塞时一般，内部浆水会一齐喷出。这时，可以将里面的种子射到几米远的地方。

兰牻牛儿这种植物的种子，还有可以利用空气干湿，自己在地面爬行的巧妙装置。这种子上，一端是长芒，一端生着一个小钩。当天气晴

---

① 钱：中国最小的重量单位，在中药方、黄金、食谱中仍沿用这一计量单位。1钱等于5克。〔编者注〕

朗时，这芒卷成螺旋形，雨天潮湿时就伸直。假定此刻芒是伸直的，当天气转晴而收缩时，种子因为有钩攀住地面，所以不会被芒向后面拖去。天转阴，开始下雨时，芒再伸直，种子就被这种伸直的力向前推进，因为钩是倒生的，所以不会被阻挡。种子在芒的伸直收缩中，自己着地爬去，一到潮湿而松软的土地上，尖锐的种子尖端就向下一插，不再移动，在那里等待发芽。

　　植物虽不能像动物那样，自由地向合意地方移动，但能用种种装置，将种子散布开去，其结果也和动物移动一样。

高山的植物带

就我国来说，平地上愈近北方，天气愈冷，大概是每一百二十公里，气温便降低1℃。高山呢，也是同样的情形，每高六百尺，降低1℃，至于各地植物的种类，又和气温有很大的关系。所以假定有两个人，同时从某处出发，一个向高峰攀登，一个向北方进发。那么，不仅气温的变化相同，连沿路看到的植物也大致相同。

我们走到山脚下，将先看到一带略带倾斜的草原，这是山上岩石风化后，连同腐烂植物，被雨水冲下来积成的。土质很肥，多被耕作成一层

122

层的田圃。

山麓地带上的植物，大致和平地差不多，都开放着美丽花朵，在点头招呼游客。你一面采集花朵，一面敲着手杖前进，在不知不觉的时候就走进大树林了。

这是乔木林，无论哪座高山都有。大抵在海拔四千尺到六千尺处，将山绕一个圈子。林中大都是落叶树，像枫、山毛榉、梧桐、栗等。如果是秋天，可在那边看到美丽的红叶和黄叶。

再努力向上攀登，穿过阔叶树林，便会走进黑暗的密林中。地面看不到鸡卵形的阳光，只有透过浓密树梢而来的散光。那时，你已走进可称作亚高山带的针叶树林了，林下草很少。若从远处去望这一带树林，其呈现出一种带蓝色的暗绿色，所以又有"黑木林"的名称。

朽木气味扑鼻而来的针叶树林中，哗啦啦的溪水声已听不到，除偶然有几声莺鸣从深处传来外，真静寂得如同死去一般。但当你从枝梢空

植物的生活

隙，望见山顶已近在眼前时，就会鼓起勇气，向前攀登。

渐渐攀登上去，会遇到浓雾，使你分辨不出东西。这时，就知道你已到高山了。攀登到八千尺左右，会觉得林中比之前明亮，只能看到少数干梢已成枯枝的秃顶树在风中摇摆。这里是乔木带的尽头，当气候温和的年份，这些树将枝干延伸，后来遇到严寒，于是水分供给不充足的干梢便枯死，变成"秃顶老人"了。

再上去，看到的那些松树，形状越发古怪，生着细小叶子的枝条，翻来翻去地在岩石上蔓

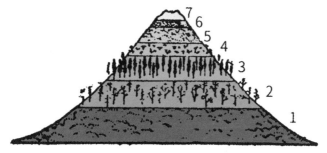

图34　高山的植物带
1. 山麓带；2. 阔叶树带；3. 针叶树带；
4. 灌木带；5. 草本带；6. 地衣带；7. 恒雪带

124

延，繁密得连脚也踏不进，像一个大的鹊巢，这叫蔓松。石南树也扭绞着枝条，从这块岩翻到那块岩，贴地乱爬。你还可从它浓绿的厚叶中间，看到鲜美的淡红花。这一带的树木，差不多都是这等形状，找不出一棵亭亭耸立的大树，这叫作灌木带。你如果肯用脑子想一想，便会明白这些树要贴地蔓延的原因。棉絮似的白云，从脚下涌上来，遮住了你刚刚走过的林子，但一会儿又向四方散开，露出浓蓝的天空。暖和的阳光洒在身上，使你有春的感觉。

灌木林尽头，有着一片广大的草原。虽在中夏，也像三春，美丽的花草繁茂地开着，仿佛金绿色的毛毡上洒了点点斑斑的颜料。吹来几阵飕飕的凉风，传来几声清脆的鸟鸣。在那边休息的人，谁都会有"这是一座天然大公园"的感想。这是草本带，离海面已有一万尺了，低洼处，常有水积着，水面上生一层水藓。你若不小心一脚踏上，便会陷到水中去，这些地方，必定有毛毡

苔等捉虫吃的草，以及开着红花、叶形像柳的柳兰。柳兰身材较高，有两尺左右，所以特别惹目。还有叶缘生锯齿，茎梢分成许多小枝，上面各开一朵菊花似的黄花刘寄奴草。

如果你带着挖掘家伙的话，把生在这草本带中的草挖起来看，便能发觉有趣的事情，它们的茎虽是低低的，或贴在岩上蔓延，根却非常粗大，深深地钻在岩间或泥中，里面藏着许多水和养分。这般高的地方，天气当然和平地不同，春来得迟，冬到得早，这里的一切植物，都须在这短短的一两月内，急急忙忙地开花结实。所以夏季登山时，可以看到万花齐放的美景。

一万尺以上的高峰气候极冷，通年刮风，空气中的水蒸气少之又少，所以花草是不能生长的。可是，这些岩石上都有地衣附着。地衣是由藻类和菌类结合而成的，是过着合作生活的复合植物。生长在草本带以上的地衣，当然和生在山脚的不同，其中最普通的，是木状的、褐色的依兰苔，伸出灰色细枝的石蕊，以及像蛔虫似的一条条竖着的虫苔等。贴在岩上的，也有许多种类，所以黝黑的岩石常被装得五颜六色，这一带叫地衣带。

地衣带上面，已是全年积雪的恒雪带。对照平地来讲，你已走到冰天雪地的北极了。这时，你若回头向下面望一望，那么，你将看到山麓带、阔叶树带、针叶树带、灌木带、草本带、地衣带以及眼前的恒雪带依次排列着，好似一幅从温带到极地的植物分布图。

植物对于高山气候的适应

高山植物为了适应高山上的特殊气候，形状和结构都生长得有些特别。所以我们不但要知道它们的名字，推究它们是哪一处的特产，还要研究生长在高山带的植物，为什么有这般奇特的形状和构造。

高山植物的生态和高山的气候有密切的关系。现在先把气象上的特点简单地说一说，再讲它对于植物的影响和植物是如何适应它的。

离海平面越高气压便越低，这是大家都知道的。海面的气压是101.325kPa，珠穆朗玛峰高

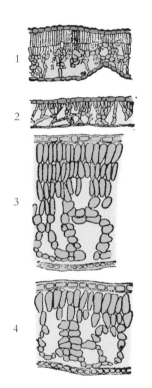

图35 高山生长和平地生长的植物叶构造上的差异

1. 高山生长的黄金花叶的断面；
2. 平地生长的；3. 高山生长的榛叶的断面；4. 平地生长的。

注意：其栅状组织的疏密、层数、海绵组织的细胞间隙的多少

8882米①，气压为42.02kPa。高山植物生长的区域，和平地（海面）比较起来，气压相差很多。气压对植物的直接影响，现在还不清楚。高山植物生得矮小，倒并非气压的缘故，因为生长在高山上的植物，有时以同样形态，生长在高纬度的海岸。但气压常通过温度、蒸发力、热、光等，间接地影响高山植物的生活，那是无疑的。

每升高一百米温度下降0.6℃（热带以外各地平均下降0.55℃）。这种情况，在夏季特别显著。所以植物的各种

---

① 作者所处年代的数据。

现象，也以夏季为最显著，秋天无多大差异。

太阳光线穿过1000千米厚的大气层，而射到平地时，一部分光被空气层中的尘埃、水蒸气、各种气体分子所吸收、反射，发生了变化，所以光线的强弱，因高山和平地不同。直射太阳光的热强度，高山顶上要比平地强20%～30%。高山上的紫外线又特别多，海拔80米、1600米、3100米三处的紫外线量的比是38：72：94。所以在高山上住了几天，脸上的皮肤就会发黑。

高山上地下的温度比地面高。当埋在雪下时，因雪不会传热，会阻隔寒冷的空气，所以会更保温。在551米处的雪下，比相应地面气温高2～3℃；在2877米处的雪下，比相应地面气温高12℃。

植物的生长期，随着地势的增高会越来越短。虽因山的位置和山上雪融的迟早而各异，但大概都在五个星期到六个星期之间。高山植物迟迟地迎接春光，转眼便进入夏季，又急忙地为过冬做准备。

我国的西部和北部空气干燥，东南湿度颇高。但高山上湿度的变化非常激烈，刚刚还嫌弃过湿，过一会儿就变得又干又燥，这是空气稀薄，水分蒸发力强的缘故。

就高山植物来说，被雪掩蔽的时间太长，也是有利有害的，像防止干燥和寒冷，增加土壤的保温力，春天还供给融雪的水和肥料，都是帮助植物生长的方面；另一面它使植物生长时间短缩，并且有时使其受到机械损伤。

在这样特殊的高山气候下生长的植物，当然和在平地上生长的不同。为了要适应生长时间非常短这一点，所以多年生植物要更多一些，一年生植物会少一些。因为在这样短的生长期内，种子要发芽、放叶、制造充足的营养物质、贮藏有机物质、开花、结实而结束植物的一生，实在来不及。所以越是生长期短的地方（即生得越高

131

处），一年生植物会越少。据实地调查，海拔高度为 200～600 米之间，一年生植物占 60%；600～800 米，占 33%；100 米以上只有 6%。多年生植物，到雪一融化，便立刻进行光合作用，开花结实，或延伸地下茎和根而繁殖，比一年生要方便得多。而且多年生的植物可以将今年制造的物质藏到来年用。

春神好像是怕走山路似的，每高百米便会迟到三四天（这差度是越高越少）。那么生育在春迟到、秋早来的高山上的植物，必须尽可能地早开花。所以有些植物，是秋天生花，潜伏过冬天，到第二年春神刚到，便赶快开放。在平地上的植物，待秋季种子成熟后，会自然地脱落。至于高山植物，虽已匆匆地结下果实，但还来不及成熟，多依旧附在枝上，在长长的冬季里缓缓成熟，到来春再落。

高山植物多有常绿叶，当盖在上面的雪融化干净时，便立刻进行光合作用，制造养分。而且因生长期短，年轮的幅也非常狭细，通常一个生长期内只生长0.1～0.2毫米，就是矮性灌木的岩高兰，年轮幅也只有0.1～0.6毫米。

其次，再来讲讲高山上强烈的日光对于植物有什么影响。高山植物的叶绿素含量，要比平地植物少，但由雪面反射光进行光合作用的植物是例外，叶绿素含量非常多。这是因为雪面的反射光中，没有妨碍叶绿素生成的红色光。

其实，高山植物在低温中也能进行光合作用，最低温度是零下16℃，在0℃时简直颇旺盛。平地植物若持续在这样的低温下，就只好饿死。高山植物对于高温的抵抗力也强，只要有充足的光线，就能进行光合作用，这大概是对于高山上温度变化剧烈适应了的缘故。

高山植物叶的构造也和平地植物不同，其栅状组织发达，细胞长且多，气孔也多。这样的叶进行光合作用时会特别旺盛。这对于碳酸气缺乏，生长期短而光合作用进行困难的高山植物来

说，实属必要。日间的强烈日光，夜里的低温，都能抑制生长，使高山植物生长成特有的低矮形。

山中多雾多雨，土地潮湿，似乎不要什么耐干旱装置。但因为气压低，日光强烈，而且又常刮大风，蒸发很盛。当从叶蒸发掉的水分，不能和从根吸收来的保持均衡时，那么即使土壤中还有许多水分，植物体也会干萎。为了防御这短时间的干燥，所以也要有耐干旱构造。

高山植物防御干燥的方法各有不同。有的在体内贮藏大量水分并使其不易发散，像那些多浆植物；有的把根深深地伸入地中，增加吸水效果，而且叶是小形的居多，若叶上没有特别的耐干装置，运水的导管就会多几根。

和高山植物生态有关的，除上面所举的几种外，还有雪、风、土壤、动物等，且留着让诸位自己去探究吧。不过真要研究高山植物的生态，光靠旅行时的观察和采集还是不够。西洋各国多在高山上建立实验用的栽培场和研究所，或把平地植物移到高山上去栽培，又把高山植物移到平地上来栽培，互相比较研究，以解决生态学上的疑问。

植物的生活

水边的植物

　　枝头的树叶由黄绿转成浓绿，街头巷尾到处可见穿着白色衣裳的人来来往往，令人蒸闷而时晴时雨的天气竟一天天地持续下去，这正是使人们叫苦的黄梅时节①了。但生长在水中或泽畔的植物，却十分欢迎梅雨。河边嫩草，长得这样繁茂，大家都在挤挤擦擦地跳舞；连田中的青蛙，也齐声唱歌，来表示它们的贺意。

　　最先，是冬天躲在水底的水绵，当春水微温

----

①　黄梅时节：五月江南梅子成熟变黄，正巧这时阴雨连绵，是南方的梅雨季节，所以称此时为"黄梅时节"。（编者注）

时，水绵的光合作用就旺盛起来，将生成的氧积在绵里，造成大的气泡，就轻飘飘地浮到水面。马尿花的冬芽，也从水底浮到水面，展成一棵新植物。

一到初夏，池沼的水面，多数都会有一层浓绿色的东西。为什么会这样呢？人们不免有点奇怪。原来无论是咸水或淡水，更无论深的浅的，水里都有无数细小的动、植物在游泳。其中植物多是细小的藻类，若用尖针在已成绿色的池水中蘸一滴，拿到显微镜下去看，便会看见有几百个

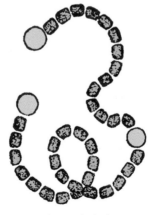

图36　念珠藻

含着许多绿色小粒的球，这绿色小粒，是蓝藻类的单细胞植物。它们能分泌黏液，有互相集成球形的特性。

蓝藻本来是蓝色的。但这种植物色素会变化，像上面讲的这种，是呈现鲜绿色。有几种生在墙壁或地面的，又呈鲜红或紫色的斑点，恰像溅上的血迹。英国曾在某古战场上杀死敌国国王的地点建立了一座寺庙，以纪念战功。当阴雨之日，这寺庙附近的地面会呈现鲜红色。大家就说，这是饮恨而死的国王，因大仇未报，声声叫唤时流的血。其实，这应该也是藻类的成绩。

据说，地球上最早的生物就是藻类。因为那时地球的表面很热，海洋的水都同沸水一般，只有耐高热的藻类才能生存，现在还有能在176℃的温泉中生活的藻类。后来海底隆起，变成陆地，于是生长在海中的一些藻类，逐渐就变成陆上的草木。但这些草木中又发生了生存竞争，有些失败后，便不能在陆上站脚，重新回到故乡，在水中泽畔和原先的藻类做伴。这恰像乡村间的青年，当初抱着美满的希望投身都市，后来经不起激烈的竞争，失败回来，和幼时同伴一同耕种过活的情形一般无二。

生长在水中或泽畔的植物都有自己的地盘，不许别种植物入侵。试看蜿蜒地流经原野的小河或池沼边，有一到秋天能开樱色大花的蚕茧草，叶状像柳的水蓼（俗称辣蓼），和荞麦相像的苦荞麦，身子笔挺地立着、花像胡枝子的千屈菜，以及可吃的水芹、鸭儿芹，和有毒的芹叶钩吻、石茏芮（俗称胡椒菜）。深到八九尺的水中，最多的是被风吹得萧萧发声的芦。此外和芦相像的荻、黑三棱、菰（俗称茭白）、灯芯草，以及织席用的莞（俗称席草）等，各个估量了自己身材的长短，有的在浅处，有的在深处，占据一区地盘。

俄罗斯有几百平方英里的地方全是两丈多高的芦，繁茂地生长着。美洲近北极的地方，也有

这样的地方。这些植物，因为生得很密，所以当河水上涨时，从上流带来的杂物，都被阻隔留下。这里面有沙、朽腐的树叶果实，也有动物的尸体。这样一年复一年，两岸的底就慢慢高出水面，变成适于别种植物生长的原野，这就叫冲积地。

所以水边丛生的植物，倒是替我们创造冲积地的功臣呢！

水生植物的三个阶段

我们走到河边或池畔去时，便可发现水生植物的界限分得很清楚，大致分为三个阶段：有些高高地矗立在水上，有些浮在水面，还有些浸在水里。这就是挺水植物、浮水植物和沉水植物。

凡根生在水底的泥中，茎叶伸出水上的，叫挺水植物，像芦、荻、茭白等都是。莲，是挺水植物中最受人喜爱的。

粗略一看，莲是一种极平常的植物，但它身躯的构造是很奇妙的。因为在水底的泥中不含氧气，根和地下茎无法呼吸，只能另找门路取氧。

图37 萍蓬草

我们都知道藕里面有几个大孔，而且这样的孔，不仅叶柄里有，叶片里也有，这些都是互相连通的，它可以让空气自由流通，以供呼吸。

吃藕时往往有牵牵缠缠的细丝。这丝本来是螺旋形的卷成一根通水的管子，所以你若仔细去看，便会发现这些丝是弯弯曲曲呈波纹状的。大大的莲叶，会蒸发许多水分。因此，通水的管要比较粗，必须用那种强韧的丝卷成。

水龙也是挺水植物，并无有孔的茎，但除普通的根外，有几条特别的根，颠倒着向上伸长，露出水面呼吸。点缀水边风景，常被画家们描写的是开黄色小花的萍蓬草和叶呈匙形有三片白色花冠的泽泻等，它们都属于挺水植物。

浮水植物中，根生在十五六尺深的水底，把平坦的叶子浮在水面，开黄、白等美丽花朵的是睡莲。睡莲科中，叶大而背面有刺的是芡（俗称鸡头）；叶小，嫩叶两侧卷着，全体滑汰汰（tà）的，是可吃的莼菜。生在南美亚马孙河上流的大芡（又称王莲），叶的直径有六尺以上，小孩子坐上去也不会破。

此外，叶浮在水面的，有大家都知道的菱，它的叶柄膨大变成浮囊。小河的水面，常常可见许多花椒似的叶子浮着，这叫作槐叶萍。用手杖

去捞一点来看，小根只挂在叶背，并不生在泥中，而且这也并不是真根，是一行浸在水中的叶子所变成的能吸水的须。有时小河表面，常被这种槐叶萍铺得同毛毡一般，在月光之下，往往错看作草地而踏上去。

浮水植物和普通草木不同的地方，是叶的表

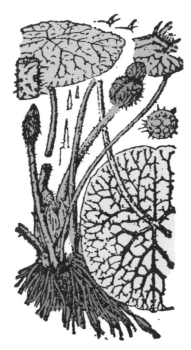

图38　芡

面有气孔，沾水不会湿；叶背总是滑涎涎的，避免鱼类的吞食。

在池、河底上生长的都是沉水植物，像放在金鱼缸里的金鱼藻，和它很相像的狐尾藻、黑藻、竹叶似的箬叶藻，以及常被引作水力授粉例子的苦草等，附近的池、河中都有，诸位不妨自己去观察一下。

这种沉水植物，有的是随水浮沉，有的是逐波漂泊，为了免受波浪的打击，都长得十分软弱，根也很细。根细的原因，一半是水草全身都能吸收水中养分。这样的水草，当然极需要含丰富养分的水，所以混浊的池沼里水草特别多。水草一多，以水草为食料的鱼类当然也会多起来，而且都身子肥胖。反之，澄清的水不适于水草繁殖，自然鱼类也少。这就叫作"水至清则无鱼"。

在海滨和飞沙搏战的植物

　　一到海滨，最惹人注目的是树形歪斜的松树，它们内侧的枝条特别长，向海方向的比较短，恰像一把倒竖着的扫帚，完全没有"亭亭如盖"的姿态。为什么长得这般古怪呢？这是受海风的影响。因背风的枝，受风的拉扯，伸得特别快；迎风这边的枝，常遇阻力，不能畅快伸长，所以形成向一方倾斜的树形。

　　海边还有细软得同毛毯一样的沙滩。没有到过海边的人，也许以为沙滩和荒凉的沙漠一般，不会长植物。其实仔细找寻，也可看到开美丽花

146

图 39　薜草

朵的小草和形态虽不十分美，但生命力颇强的
杂草。

　　到刮风天，沙粒随风飞散。这时常会将植物
埋没，或将根露出，所以飞沙是生长在沙滩上的
植物的一个重大威胁。但其中也有些健强的种
类，能够抵抗飞沙而生活，像薜草（俗称禹余
粮）、毛鸭嘴草便是。

　　薜草是雌雄异株的多年生植物，露出沙上的

部分虽只有一尺左右，在地中匍匐的茎却非常长。你们挖掘着试一试，恐怕不容易掘到头。大概生长十年的，有一百尺长。毛鸭嘴草的穗尖端分开很像鸭嘴，细长的叶和茎都密生细毛，所以得了这样一个特别的名称。每株生几十条茎，集成一团，下面还有一百多条根，在沙下蔓延。

平坦的沙滩上，有时可看到几个高耸的沙丘，这是强风和前面讲过的这类能抵抗飞沙的强健植物合力造成的。这类植物侵入到沙粒移动剧烈的地方后，即使被沙埋没，匍匐的茎依旧会向四面八方延伸，于是附近的沙便会渐渐停止移动，而形成一个沙团。这沙团逐渐增大，最后便成了一座沙丘。

沙滩中非常干燥，即使有一些水，也含有许多盐分，根不容易吸收。植物必须要把粗粗的根一直深深地向地中延伸，以找到淡水，因为得水艰难只好节省使用，所以叶片多坚厚而小，以减少水分蒸发。

图 40　毛鸭嘴草

　　生在离海稍远，沙粒比较安定处的植物中，颇有些开得美的花。像滨旋花，大家多知道是分布较广的种类，在五六月里，开淡红色的花。野豌豆是五月里开花，初开时呈现紫色，后来渐带青碧。此外，开黄花的还有滨苦菜和着地蔓延的滨车等。开白花的，有珊瑚菜、滨南芥菜等。至于开美丽花的海边灌木，有蔓荆和玫瑰。

149

海边植物中形状最奇怪的，要算列当这种寄生植物了。它寄生在茵陈蒿的根上，肉质的茎，着生许多鳞片状的叶子，茎和叶都呈黄褐色，开淡紫色的花。

至于大溪之滨的沙滩上所生的植物，虽多属海边植物，但也有几种保持特色，这且留待有机会到沙滩去的人发现吧。

吃现成饭的懒汉

人类社会中有一部分不劳心力而靠别人来养活的寄生者，这是大家都知道的，其实无知的草木中未尝没有这种角色。

多数草木是把根伸入地下，吸取土粒间的水和养分的，但高高地生长在树梢头的也不少。例如，挂下绳索似的根，吸收空气中湿气的几种兰；把根生在朽腐的树皮里的瓦苇，这些植物，看着虽像寄生，其实不过是租间厢楼住住，还是靠自己来吃饭的，我们不能叫它为"寄生"，该叫"附生"。

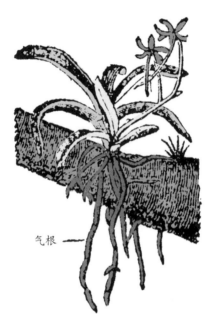

气根 ——

图41 生长在树上的兰类

有几种植物，将根插入自己附着的树干中，夺取养分而生活。这好像厢楼里的房客，整天不做什么工作，肚子饿了，便吃房东买回来的食物一样。这叫作"寄生植物"，被寄生的，叫作"寄主"。

我们在木叶尽脱的秋天，到郊外去散步时，往往可以看到朴、栗、榉、槲等大树上，有叶色

图42　槲寄生

　　青青的几团，这就是名叫"槲寄生"的寄生植物。它总附在高处的树梢上，不让我们看清楚它的形状。若用竹竿敲打，或投掷石块去弄一枝来，便可知道这是在两两分叉的枝尖各生出两片厚厚叶子的树。

　　小小的树，怎样会生到那般高大的树梢上呢？原来槲寄生所生的黄色果实，肉味甘美，鸟类很喜欢啄食，但果肉又黏得同糯米饼一般，附

在鸟喙上不易落下。这时鸟便到树皮上去擦它的喙，结果擦破树皮，把种子嵌入。如其果实不粘到喙上而被鸟咽下肚子里去，那么就会随着鸟粪排泄出来，仍旧有附上树梢的机会。

种子发芽时，幼根的尖端呈吸盘状压破树皮的表面，钻进去直达形成层，再向四面蔓延吸收养分，旺盛地抽茎长叶。它两两成对的厚叶片中含有叶绿素，能够和普通树叶一样进行光合作用，只不过不用自己的根向地中吸收水和养分，而是夺取寄主的罢了。这恰像厢楼里的房客，把房东买来的菜蔬、鱼、肉、米、盐、酱、醋等拿上楼去，自己煮饭菜吃一般。这样过着半依赖生活的，叫作"半寄生"。

有些房客真懒得不得了，专等房东在厨房间里烧好饭菜，搬向厅堂时，就拦路去抢，过着这般依赖生活的，我们称之为"全寄生"。

秋天到山野间去玩，往往看到无根、无叶，只用藤蔓缠来缠去的黄色草，这便是菟丝子，它

图43　菟丝子

从缠着的草上掠夺养分。蔓上处处生着吸器，嵌进寄主的茎后，双方的维管束就连接起来，于是在管中流动的养液，也流向蔓中来了。

菟丝子不是一开始就没有根的。当种子发芽时和别的植物一样将细根钻入地中，上面抽一条红线似的茎，若四周没有什么可依赖的草木，它就会枯死，若恰巧碰到枝茎，便会立刻缠上生出

植物的生活

吸器，吸取养分，根就在这时枯死。

它既不用根从地下吸收养分，又不用叶在日光中制造养分，专受别人的供养，所以常被举作全寄生的例子。

此外细菌和菌类，大部分都过着寄生生活，这里就省去不谈了。

"共存共荣" 的植物

"共存共荣"是报章杂志上常见的名词，但在植物界中也有此事实。

根瘤细菌和豆科植物是常被引作共生的。在豆科植物的根上有一颗颗的小瘤，叫作根瘤，里面住满了根瘤细菌。这种细菌本是摄取空气中的氮，自力更生的。当它遇到豆类的根就从根毛侵入，住在瘤内，一面吸收豆类制成的养分，一面从地中空气吸收氮而旺盛繁殖时，豆类的根便分泌一种能够溶解细菌的液体将它消化，以作为自己的养分。所以就根瘤细菌来说，实在像自动走

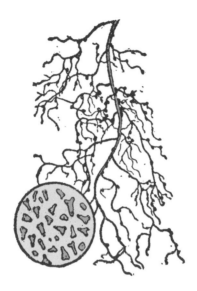

图44　根瘤和根瘤细菌

到畜舍里去的菜牛一般。

　　其次像生在岩石或树皮上的地衣原是菌类和藻类的复合体。藻类吸收菌丝所含的水分，菌类吸收藻类经光合作用所产生的养分，互相维系生活。但这不是均等的共生，有些藻类隶属于菌类。因为菌丝不仅包围了藻类，丝端往往穿过藻类细胞膜壁，侵入内部和原形质接触，同寄生植物将吸器钻入寄主的细胞内一般无二。和真正寄

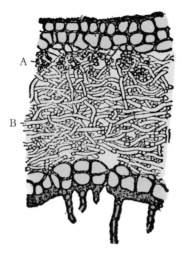

图45　地衣的切面
A. 藻类；B. 菌丝

生的差异点，是做了俘虏的藻类会永久生存，毫
无病症，而且渐渐分裂增加。

　　兰类根里有菌类的菌丝，而且它的种子若无
菌类侵入，就不易发芽，所以向来也拿来作为共
生的例子。侵入细胞内的菌丝，繁殖后也逐渐被
根消化，得到和豆类根瘤细菌同样的结局。

　　普通认作共生的多少都有点寄生的关系，不
过程度没有像有害的菌类、细菌等这样极端，寄

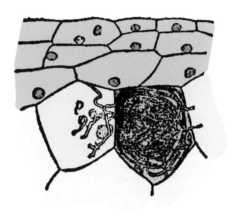

图 46　兰科植物的内菌根

生植物和寄主植物之间还保着生存竞争上的平衡，外观上不会表现有害作用。像根瘤和菌根内的细菌，大多都有这样的性质，当侵入寄主时，只因寄主的抵抗力大，不致危害其生命，而且寄主又供给养分，使寄生者暂在一定区域内栖息。到了后来，将它消化、吸收、供自己利用。若寄主的势力很大，立刻把侵入的细菌杀灭，那么细菌既不能繁殖，而且寄主也不能得到什么利益。反过来，若侵入的细菌势力大，变成了真的寄生，那么寄主又不免要发病枯死。所以这两者的生存竞争，要达到某程度的均衡，不仅双方各不相犯，还能互相利用时，才有仿佛共生的外观。就根瘤和菌根说，只发生上面说的某方面，有所谓共生的关系，等过了这时，寄主植物就毫不客气地把寄生菌杀死。

但也有特例，像石南科植物，寄主终身让细菌住在体内，而且不仅根部，全身都可自由分布。这是因为寄生菌和寄主植物间势均力敌，所以生存上不受什么妨害，大家都能畅茂繁殖。

"共存共荣"，必须建立在双方均势的情况下。

植物的生活

树木的寿命

　　新年新岁，若到亲戚家里去走走，做长辈的人总喜欢说"长命百岁"的祝贺语，因为人类能够活到百岁的，少得很。可是，若把这句话去对树木讲，就大大地委屈了它。

　　活到五六十岁而枯死的，算是短命的树木，普通的树都在百岁以上。像苹果的平均寿命是一百岁，樱是二三百岁，槭是四五百岁，银杏是五百岁，松、杉是五六百岁，山毛榉是六百岁，桑树是八百岁，级木是一千岁，枞是一千三百岁。

我国最古的树①，要算子贡亲自种在孔子坟头的楷（jiē，黄连木）树（在山东省曲阜），已有二千四百多岁了。不过它有时似枯死般休眠着，有时又发芽生长，不是一直繁茂。其次要算南京的六朝松，已有一千四五百年。再次是杭州附近超山的宋梅，虽经过了六七百年，但现在还能开几朵花，形状也和普通的梅花略有不同。此外，荒山僻地间，还有许多没人理会的古木。

　　台湾山中的台湾花柏，干高十五丈，直径二丈四尺，要十三个人手牵手才能围住，大概已有几千年的寿命了。

　　世界有名的老树，其中之一是美国加利福尼亚州西拉内维大谷中的稀椴，它的形状和枞树有点相像，其中有活到三千三百岁的。"三千三百岁"，在嘴里说说，好像轻松得很，但仔细想想：孔子是二千四百年前生的，那时这

_____

① 作者推断，即当时能判断年龄的。（编者注）

163

植物的生活

树已有九百多岁了。这些树虽生在海拔六七千尺的高处，但干高从二十五丈到四十丈，直径在三十五尺以上的也不少，实在是世界最大的树。

当然专为看大树而来的旅客也不少。因此那边有种种布置，使它们的高大越发明显，有些在干中开掘一条隧道，可让载满乘客、用四匹马拉的车子，宽宽敞敞地通过；有的把干已砍去的根头，造成一个跳舞场。可是，这些现在已由政府保护，不但禁止砍伐，并且在树林中设有特别装置，使其他山上发生火灾时，不能蔓延过来，林中起火时，也会立刻熄灭。

这样的稀椶算是长命的树了吧？可是和有名的猴面包树及龙血树比起来，又同孩子一般了。1749年，到非洲西端附近的培耳他岛上去游玩的阿但逊，无意中发现在那里的猴面包树的干上，有三百年前英国旅行团测量过的数字。他就从这树在这三百年间加粗的成绩来推算，知道了它是一棵六千多年的古树。

图47　龙血树

　　比它更长命的，算得上是世界上最长命的生物，是加那利亚岛上的龙血树。五百年前，西班牙人在这岛登陆时，测量它树干的直径已达四十二尺了。可是，在1868年的暴风雨中，它受了重伤，不久就枯死了。本村的人将它制成种种器具作为祝寿的礼物，赠送亲友。这棵树的年纪，据说已有一万岁了。

　　这样疯狂地、无限制地生长着，对于树木自己实在是有害无益的。别的短命植物已繁衍了无数代，个个都演变成最方便的形态而繁衍

植物的生活

生息下去，这些长命树却要经过几百年才能长成，一切都保持着老式样。这样一个"时代落伍者"，当然无法在竞争场中取胜，所以都逐渐灭种了。

植物的自卫

据说，从前有一个到非洲去探险的西洋人，在某村庄中，偶然掏出表来给土著人看，土著人看到秒针在不停地打圈后，就吓得不敢走近。大概他以为这样不知底细的能够自己打转的东西会伤害人吧。

同样，当动物看到在自然地运动的草时，也许要这样想："什么？好蹊跷的草哇！走近去说不定要碰到危险的呀！又不是没有可吃的草，算了吧！"

出产奇花异卉的印度，有一种当人或兽类

植物的生活

走近时，立刻将叶闭合而下垂的植物，这是因脚步声，或行走时所生的微风被叶片感觉到的缘故。此外更特别的，还有不等敌人走近，终年在那里跳舞的舞草。

舞草，在西洋有一个俗名叫电报草。因为当没有电报、电话的时候，是在各处山头建立了像现在车站附近的"扬旗"（通过上面横木的举起、放下，控制线路开闭）似的东西用以通信的，而舞草运动的形式正和它相似。

舞草长着由一片大叶和缀在叶柄上的两片小叶组成的复叶。这两片小叶一直用叶尖在空中描画椭圆形。这种运动，有时迅速，有时迟缓。快的时候一分钟画

图48 舞草

168

一圈，不知为什么，有时竟懒得画椭圆，只上下扇动。大的叶片也微微地动，但不大注目。到了夜里，大叶软软地挂下休息了，两片小叶依旧不停地动着，尽它做哨兵的责任。

讲到舞草时，诸位也许会想到亲眼见过的含羞草吧？不错，含羞草的叶也会运动，目的也是自卫，不过它在使动物惊骇之外，还有防御天灾的作用。

含羞草在从茎伸出的叶柄尖端生着四条细轴，轴的两侧都缀满小叶，形状恰像鸟羽。其实全体只是一片叶。这些小叶尖，若轻轻地去碰它一碰看，会怎样？先是这片小叶和对面的小叶一齐从两方起立、合着。照样依次下来，一根鸟羽全部闭合了。此后，另外三根鸟羽也同样闭合。接着，叶柄会像"扬旗"上的横木般垂下。接着上面另一片的叶，也进行同样的运动。

为什么会这样运动呢？若仔细观察，便见小

叶和叶柄附着处，都同我们手脚曲折处一般稍膨大一些。这里面的细胞内充满了水，若被什么东西一碰，小叶附着处的膨大部分的细胞里的水就流向别处，那边就起了皱缩，因此小叶就立起来了。叶柄附着处起了相反的变化，即下垂了。诸位一定还要问："为什么碰一碰，水就流向别处呢？"那一定有能把叶受接触的消息通知膨大处的机构，这就是所谓的"植物神经"吧，据说这种结构在维管束中，这里暂且不提。

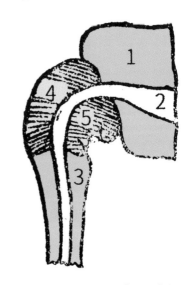

图49　含羞草叶柄附着处的直剖面
1. 茎部；2. 维管束；3. 叶柄；4. 上部贮水细胞，水不流出；5. 下部贮水细胞，水流出

含羞草的原产地是南美洲的巴西。据说那边每天都有大量的降雨。因此，当它感受到第一滴雨滴时，叶就闭合了，避免被大雨打伤，而且在狂风猛吹、沙尘扑面时，也还是闭着安全，这种

对天灾的自卫特性，经过一代代的遗传，还被现已分布全世界的子子孙孙保持着。

植物除用这种虚张声势的示威运动，将敌人吓退外，还有真正的装备，用实力抵抗的，最普通的例子，就是生着针刺的植物。

种作生篱①的、针刺满身的枸橘，不单保护自己，并且替人看守院子。以前大家都认为枸橘的针刺是枝的变形物，现在知道它和仙人掌的针刺，都是应该从叶的东西变成的。此外像安石榴也有针刺，但这是枝的变形物。可是蔷薇、山椒的针刺，既不是叶，也不是枝，是表面的皮突起而成的。

到山中去必须留意的是鹊不踏，连叶轴上都有成行的针刺，茎上更全是可怕的钩，像图画中的鬼腿一般，一看到谁都要打个寒噤②。若无意中去碰着了它，一定会弄得皮破血流。还有菝葜

---

① 生篱：由乔木和灌木密集种植而形成的绿色的墙。（编者注）
② 寒噤：因受冷或受惊而身体颤动。（编者注）

171

〔bá qiā〕，据说连猴子都要被它捉住，人若踏进它的藤蔓堆中，便像被铁丝网困住一般，休想再出来。

用针刺开玩笑的是落叶松。在欧洲的阿尔卑斯山中，当这树幼小时，若羊吃了它的芽，它就会在原处生出一团针刺，芽躲在中央，免得再被羊吃去。此后干渐渐增高，到羊已碰不到的时候，才生普通的枝。

非洲南部还有根或块茎上生着刺的植物，因为那边有掘根吃的野猪栖息着。

仙人掌的故乡，是墨西哥的原野。那边也和别处的沙漠一样，一年中只下几天雨，是又热又干的地方。仙人掌因得水不易，便尽可能地将身体表面缩小，以减少水的蒸发，用茎来代替叶的职务。那边草木既少，动物也不多，这些渴得要命的动物，一看到水汪汪的仙人掌的粗茎，便不肯放过。因此，它只好将叶变成锐针，防止被吃。

仙人掌的针刺也有种种形状，有的满身细针中夹着几个长大的刺，这是用大刺防兽，细针御虫的。因为细小的虫，看到大刺倒不放在心上，小刺就望而生畏了。有的针刺变成长毛，密生茎上，这除防虫之外，还有防止水分蒸发的用处。

　　植物的自卫方法，除长矛短匕式的针刺外，还会应用化学战术，利用种种毒汁攻击敌人。

　　我们若去碰一碰荨麻的茎叶，手上一定会如同被蜂蜇过一般疼痛。因为它的茎上和叶背生着许多比缝针更锐利的细针。当然，这不是普通的针，是像医生注射用的注射针那样，中心呈管，尖端略粗，其基部膨大处藏着毒汁。既然尖端略粗，照理难以刺敌，其实不然，那处非常脆弱，一碰就断，管子就趁机插入皮肤，同时，基部膨大处因受挤压，就同注射针一般，将毒汁注入敌人体内。

　　此外，像夏天能结许多鲜红果实的木本黄精

— 植物的生活 —

图 50　荨麻的针刺放大

叶钩吻，四月间开白色铃状小花，马吃了能使其麻醉的马醉木；开着卵状紫花，可用根中液汁造毒箭的乌头等，都是用毒汁达到自卫目的。

　　近代世界大战中，有用拟装来瞒骗敌人的方法。例如，第一次世界大战中，当德国飞机去轰炸巴黎时，法国人便将附近的一条河道改装了一下，使敌人找不到巴黎的所在。就是植物中，也有采用这种手段来自卫的。非洲沙漠中，到处可以看到一种石卵形的奇妙植物，这叫作小石草，也和仙人掌一样，为了贮水，将圆圆的、肥厚的两片叶子对合起来。它生在石砾中，当动物看见时，绝对想不到它是植物，因此就免被吞噬了。可是，不知怎样，到了后来它竟从中央小孔伸出美丽的黄花，来招惹敌人的目光。

喜马拉雅山中有一种眼镜蛇草，叶的形状像可怕的眼镜蛇，抬起头等在那里。因此，害怕这种毒蛇的羊，看见了就吓得不敢靠近。这简直和昆虫的拟态一样。

新种的形成

当一阵阵秋风吹来，菊的花蕾也一天天绽放时，住在都市里的小朋友，就有机会到菊框展览会去细细比较和欣赏了。就是居住在乡间的，也可在校园里，或屋前、屋后的空地上，看到向秋阳微笑的菊花。

虽然把它们一概称为菊花，其实就各品种的形状和颜色讲，它比桃花和李花的差别都要大。同是一个头状花序，有的小得如同铜铃一般，有的比直径四寸的瓷盘都大。舌状花和管状花，更以各种形状而变化，或长或短，有的像针，有的

176

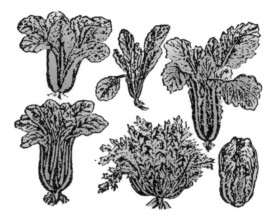

图51　千变万化的白菜

像爪。说到颜色，更是嫣红姹紫，淡白深黄，个个不同。粗略估计，菊花已有一万余不同的品种。

　　其实不仅菊花，别种植物也是这样。不过栽培的植物，特别显著罢了。若问为什么有这么多种呢？以前的人相信一切生物开始就是这样，狗开始便是这样的狗，自然菊花也是开始便有千种万种，而且是永远这样下去。直到七八十年前，达尔文在鸡和鸽子等动物上，看到发生变化的现象，便说，一切生物是随着养料、温度等的差异

图52　菊花的原种
左，小原菊；右，原菊；
万千种类的菊花都是从这两种野生植物中产生的

而变化的，这种细微的变化积集起来，便成完全
不同的种类。生物的祖先是生在还未冷透的海水
中的海藻。这种海藻发生种种变化，这时海水也
渐渐冷下去，于是只"适者生存"，不适的海藻
灭绝，这些繁茂的海藻中后来又发生变化，各个
求得适合自己生存的场所，于是就像现在这样有
各种海藻了。以前在热海中繁茂过的海藻，现今
只在温泉之畔还可看到。随着时间的流逝，生长

178

在陆地附近的浅水处或沼泽中的一些海藻，再产生陆生植物，更经种种变化，而分成现今这般千变万化的陆上草木。

可是，地球上千千万万的草木全是逐渐变化造成的，也让人难以相信。后来荷兰的德佛里斯（De Vries）根据月见草的试验，说明了植物能够突然形成新种，其中适于生存的繁茂起来，因此形成许多种类。这"突然变异"学说曾风行一时，现在知道他试验用的月见草并不是纯粹种时，因此也失去了一部分支持者，但"突然变异"，实际上别的草木也会发生。

总之，达尔文所主张的"淘汰"和德佛里斯所说的"突然变异"，都是形成新种的原因。据种种实验，便可知道植物能够表现种种特性的因素，都包含在细胞核内。例如，开红花的植物，它的精核和卵细胞中便含有使它开红花的基因。这种基因不但要遗传给子孙，有时还在受精时起特别变化，这就是起突然变异的根源。细胞内已

含有使它表现特别形态的基因的植物，得到适宜的环境便表现成一新种。否则只好传给后代，再等机会，这就是淘汰对于形成新种的影响。

因此，人们便用交配和淘汰来造就新种。闻名世界的造花大王，是死去不久的美国人蒲班克（Burbank）[①]。他并没有什么学问，青午时做园丁，但他有改良果蔬花卉等的才能和热心，培育了许多美花甘果，使全世界人们受用。他所创成的植物中，有味道鲜美的无刺仙人掌、无核李子、人头般大的番茄等珍品。苏联的园艺家米丘林（Michurin）也用同样的方法，培育了无数的植物新种，例如，可以种到北极圈冰雪地去的苹果树，种在沙漠边缘上的小麦。

当人为淘汰品种时，必须从许多株中，拣取出最合意的一株。实际上，蒲班克就是这样大规模地培养的。他从几株苗木中，选得一株合意的

---

① 蒲班克：20世纪美国著名的园艺育种家。（编者注）

苗木之后，便把其余的全部烧掉。因为留着较劣
的品种，不但会减少选定种的价值，而且种在附
近，昆虫将它的花粉传播，选定的种便不能保持
其优秀性状了。